中国机械工程学科教程配套系列教材

教育部高等学校机械类专业教学指导委员会规划教材

机械原理与设计项目教程

王亚珍 刘丽兰 编著

U0214894

清华大学出版社

北京

内 容 简 介

本书依据教育部机械基础课程教学指导委员会工作精神及"机械原理"与"机械设计"课程教学基本要求,结合近年来各高校教学改革和开展项目驱动式教学经验编著而成。

本书选取"机械原理与设计"课程中 8 个项目设计实例题目,繁简不同、深浅各异。选取的设计项目侧重机械原理与设计中解析法应用和数字化设计,在阐述每个项目设计的设计方法时,着重于项目设计的运动分析、几何计算、设计计算、资料活用等方面。

本书共 2 篇 12 章,第 1 篇为机械原理与设计项目指导,第 2 篇为传动系统的设计指导。本书主要内容包括机构的连杆机构运动分析、凸轮设计、连杆-凸轮复合机构设计、VR 虚拟实验项目和展开式齿轮减速器设计、行星齿轮减速器设计以及设计资料和参考图例,另外还包括项目设计的程序文件、机械设计常用国家标准和设计规范等附录以二维码形式供扫码查询。

本书适用于高等学校机械类和近机类专业学生课程项目设计使用和参考。

图书在版编目(CIP)数据

机械原理与设计项目教程/王亚珍,刘丽兰编著. —北京:清华大学出版社,2023.10
中国机械工程学科教程配套系列教材　教育部高等学校机械类专业教学指导委员会规划教材
ISBN 978-7-302-64413-2

Ⅰ.①机…　Ⅱ.①王…②刘…　Ⅲ.①机构学－高等学校－教材②机械设计－高等学校－教材
Ⅳ.①TH111②TH122

中国国家版本馆 CIP 数据核字(2023)第 153103 号

责任编辑:刘　杨
封面设计:常雪影
责任校对:欧　洋
责任印制:刘海龙

出版发行:清华大学出版社
　　　　网　　　址:http://www.tup.com.cn,http://www.wqbook.com
　　　　地　　　址:北京清华大学学研大厦 A 座　　　邮　　编:100084
　　　　社 总 机:010-83470000　　　　　　　　邮　　购:010-62786544
　　　　投稿与读者服务:010-62776969,c-service@tup.tsinghua.edu.cn
　　　　质量反馈:010-62772015,zhiliang@tup.tsinghua.edu.cn
印 装 者:天津鑫丰华印务有限公司
经　　销:全国新华书店
开　　本:185mm×260mm　　印　张:14.75　　　　字　　数:359 千字
版　　次:2023 年 10 月第 1 版　　　　　　　　印　　次:2023 年 10 月第 1 次印刷
定　　价:48.00 元

产品编号:095359-01

我曾提出过高等工程教育边界再设计的想法，这个想法源于社会的反应。常听到工业界人士提出这样的话题：大学能否为他们进行人才的订单式培养。这种要求看似简单、直白，却反映了当前学校人才培养工作的一种尴尬：大学培养的人才还不是很适应企业的需求，或者说毕业生的知识结构还难以很快适应企业的工作。

当今世界，科技发展日新月异，业界需求千变万化。为了适应工业界和人才市场的这种需求，也即是适应科技发展的需求，工程教学应该适时地进行某些调整或变化。一个专业的知识体系、一门课程的教学内容都需要不断变化，此乃客观规律。我所主张的边界再设计即是这种调整或变化的体现。边界再设计的内涵之一即是课程体系及课程内容边界的再设计。

技术的快速进步，使得企业的工作内容有了很大变化。如从 20 世纪 90年代以来，信息技术相继成为很多企业进一步发展的瓶颈，因此不少企业纷纷把信息化作为一项具有战略意义的工作。但是业界人士很快发现，在毕业生中很难找到这样的专门人才。计算机专业的学生并不熟悉企业信息化的内容、流程等，管理专业的学生不熟悉信息技术，工程专业的学生可能既不熟悉管理，也不熟悉信息技术。我们不难发现，制造业信息化其实就处在某些专业的边缘地带。那么对那些专业而言，其课程体系的边界是否要变？某些课程内容的边界是否有可能变？目前不少课程的内容不仅未跟上科学研究的发展，也未跟上技术的实际应用。极端情况甚至存在有些地方个别课程还在讲授已多年弃之不用的技术。若课程内容滞后于新技术的实际应用好多年，则是高等工程教育的落后甚至是悲哀。

课程体系的边界在哪里？某一门课程内容的边界又在哪里？这些实际上是业界或人才市场对高等工程教育提出的我们必须面对的问题。因此可以说，真正驱动工程教育边界再设计的是业界或人才市场，当然更重要的是大学如何主动响应业界的驱动。

当然，教育理想和社会需求是有矛盾的，对通才和专才的需求是有矛盾的。高等学校既不能丧失教育理想、丧失自己应有的价值观，又不能无视社会需求。明智的学校或教师都应该而且能够通过合适的边界再设计找到适合自己的平衡点。

我认为，长期以来，我们的高等教育其实是"以教师为中心"的。几乎所有的教育活动都是由教师设计或制定的。然而，更好的教育应该是"以学生为中心"的,即充分挖掘、启发学生的潜能。尽管教材的编写完全是由教师完成的,但是真正好的教材需要教师在编写时常怀"以学生为中心"的教育理念。如此,方得以产生真正的"精品教材"。

教育部高等学校机械设计制造及其自动化专业教学指导分委员会、中国机械工程学会与清华大学出版社合作编写、出版了《中国机械工程学科教程》,规划机械专业乃至相关课程的内容。但是"教程"绝不应该成为教师们编写教材的束缚。从适应科技和教育发展的需求而言,这项工作应该不是一时的,而是长期的,不是静止的,而是动态的。《中国机械工程学科教程》只是提供一个平台。我很高兴地看到,已经有多位教授努力地进行了探索,推出了新的、有创新思维的教材。希望有志于此的人们更多地利用这个平台,持续、有效地展开专业的、课程的边界再设计,使得我们的教学内容总能跟上技术的发展,使得我们培养的人才更能为社会所认可,为业界所欢迎。

是以为序。

2009 年 7 月

　　本书依据教育部机械基础课程教学指导委员会工作精神及"机械原理"与"机械设计"课程教学基本要求,吸取近年来各高校教学改革和开展项目驱动式教学经验编著而成。以新技术、新业态、新产业和新模式为特点的新经济发展迅速,对人才的能力结构和综合素质提出了更高的要求,迫切需要具有高阶性、创新性及挑战性的课程提供支撑。因此,本书以"基于项目的学习"(project-based learning,PBL)和"通过设计学习"(learning by designing,LBD)为基础,尝试以项目为牵引,启迪学生从机械系统整机功能与性能出发,综合运用知识进行项目设计,培养学生解决复杂问题的能力。

　　项目设计的内容首先是应用解析法建立分析或综合的数学模型,然后通过具体的计算实例来说明数学模型的使用方法,最后用 MATLAB 进行编程计算,并附上相应的分析曲线图和设计仿真图。在传动系统设计中,学生要综合考虑一系列问题,如方案选择、总体设计、零件的运动分析与载荷分析、材料选择、工作能力计算、结构设计、公差配合、标准化、工艺性、可靠性、经济性等,而且系统设计还与不少先修课程有着紧密联系,如机械制图、理论力学、材料力学、机械原理、公差配合及技术测量、工程材料及机械制造基础、金属工艺学等。更为重要的是,在项目设计中培养学生逐步树立正确的设计思想,提高独立学习和解决复杂工程问题的能力,开发创造性设计思维。

　　多年来,机械类专业机械设计课程设计一般采用展开式齿轮(或蜗杆)减速器设计作为题目。这是一个非常经典的题目,因为减速器包括主要通用零件:齿轮(蜗杆、蜗轮)、轴、轴承、键(花键)、螺栓、联轴器和箱体等。本书在此基础上,加入了"机械原理"与"机械设计"课程中的连杆机构运动分析的解析法项目、联动凸轮机构设计、行星齿轮减速器设计作为课程项目设计题目。为了开阔学生视野,适应各种不同的项目教学设计要求,所以撰写了《机械原理与设计项目教程》。

　　本书选取"机械原理与设计"课程中 8 个项目设计题目,繁简不同、深浅各异。选取的设计项目侧重于机械原理与设计中解析法应用和数字化设计,在阐述每个项目设计的设计方法时,着重于项目设计的运动分析、几何计算、设计计算、资料活用等方面。

　　本书由上海大学机械原理与设计教研组王亚珍、刘丽兰编著,书中第 1

章由刘丽兰编写,第5章由刘丽兰和谭晶编写,其余章节由王亚珍编写,其中引用了冯子璇、周子函、欧铭旗同学的设计实例。本书编写过程中,得到了华南理工大学黄平教授、朱文坚教授的指导,在此表示诚挚感谢。

由于作者水平所限,书中误漏欠妥之处在所难免,敬请广大读者批评指正。

作　者

2023 年 2 月

目 录
CONTENTS

第1篇 机械原理与设计项目指导

第 1 篇
机械原理与设计项目指导

第 1 章

项目设计概论

1.1 项目设计的目的

项目设计是机械原理与设计课程教学过程中非常重要的一个环节,也是对学生学习能力进行全面培养的训练,其目的有以下 4 个方面。

(1)使学生能够正确分析项目设计题目功能需求,运用"机械原理与设计"课程知识及其他先修课程理论,结合项目任务训练分析和解决工程实际问题的能力,进一步巩固、深化、扩展课程所学到的理论知识,在项目任务中体现创新意识。

(2)使学生能够对机械工程领域的复杂工程问题,开发或选用满足特定需求的现代工具(MATLAB)进行预测和模拟,并对预测和模拟结果进行分析。运用三维软件进行零件装配、动画仿真功能检查结构之间的干涉和运动情况,并输出仿真动画。

(3)使学生能够撰写格式规范的机械工程技术报告和设计文稿,绘制符合国家标准的工程图纸,就机械工程领域的复杂工程问题与业界同行或社会公众进行沟通和交流。掌握信息检索方法,并熟悉运用设计资料如手册、图册、标准和规范等。能够撰写规范的课程设计说明书,正确绘制设计图纸或三维表达。

(4)在项目设计任务实践中,使学生能够合理安排项目的研究进度,体现一定的进度控制能力,在设计开发解决方案时能够运用工程管理和经济决策方法。

1.2 项目设计的步骤

项目设计一般按下面的步骤进行。

(1)设计准备。阅读项目任务书,明确设计要求和工作条件;通过观察模型和实物、查阅文献资料、做实验、调研等方式了解设计对象;查阅相关资料;拟定工作计划等。

(2)传动装置的总体设计。比较和选择传动装置的方案;选定电动机的类型和型号;确定总传动比和各级传动比;计算各轴的转矩和转速。

(3)传动件的设计计算。设计计算各级传动件的参数和主要尺寸,包括传动零件(带、链、齿轮、蜗杆、蜗轮等),以及选择联轴器的类型和型号等。

(4)设计装配图。绘制装配草图;轴的强度计算和结构设计;轴承的选择和计算;箱体及其附件的设计;绘制装配图(包括标注尺寸、配合、技术要求、零件明细表和标题栏等)。

(5)装配和仿真动画制作。输出装配动画、爆炸图、运动仿真动画。

(6)设计主要零件工作图。

（7）按规定的格式要求编写设计说明书。

（8）总结和答辩。

1.3　项目设计中应注意的问题

项目设计中需要注意以下问题。

（1）学生应在教师的指导下独立完成项目设计。要培养学生的综合设计能力，提倡刻苦、认真、独立思考、精益求精的学习精神，反对照抄照搬和粗心应付的态度。

（2）项目设计过程中，需要综合考虑多种因素，采取各种方案进行分析、比较和选择，从而确定最优方案、尺寸和结构。计算和画图需要交叉进行，边画图、边计算，通过不断反复修改来完善设计，必须耐心、认真地完成设计过程。

（3）参考和利用已有资料是学习前人经验、提高设计质量的重要保证，但不应该盲目地抄袭，要按照项目任务和具体条件进行设计。

（4）项目设计过程中应学习正确运用标准和规范，例如，要注意区分哪些尺寸需要圆整为标准数列或优先数列，而哪些尺寸不能圆整为整数。

（5）注意掌握项目设计进度，认真检查每一阶段的设计结果，保证设计正常进行。

第 2 章

连杆机构的运动分析

2.1　连杆机构运动分析解析法

　　机构的运动分析,就是按照已知的原动件运动规律来确定机构中其他构件的运动。它的具体任务包括求构件的位置、求构件的速度、求构件的加速度。

　　平面连杆机构是闭环机构,在用解析法进行机构运动分析时,采用封闭矢量多边形求解较为方便。首先,建立机构的封闭矢量方程式,然后对时间求一阶导数得到速度方程,对时间求二阶导数得到加速度方程。

　　平面连杆机构运动分析 MATLAB 程序都由主程序和子程序两部分组成,其程序设计流程如图 2-1 所示。

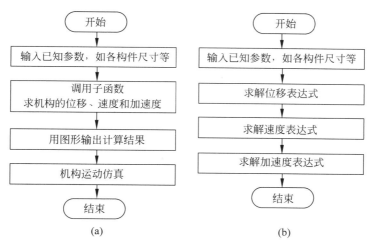

图 2-1　平面连杆机构运动分析程序设计流程
（a）主程序；（b）子程序

　　子程序的任务是求机构在某一位置时,各构件的位移、速度和加速度;主程序的任务是求机构在一个工作循环内各构件的位移、速度和加速度的变化规律,并用线图表示出来,同时进行机构运动仿真。

2.2　数学模型的建立

　　图 2-2 所示为牛头刨床主运动机构的运动简图。设已知各构件的尺寸及原动件 1 的方位角 θ_1 和角速度 ω_1,需对导杆的角位移、角速度和角加速度及刨头的位置、速度和加速度

进行分析。

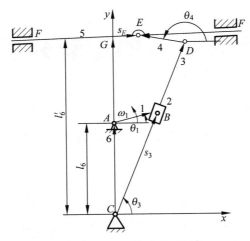

图 2-2　牛头刨床主运动机构

为了对机构进行运动分析,先建立如图 2-2 所示的直角坐标系,将各构件表示为杆矢量,并将各杆矢量用指数形式的复数表示,然后进行相关数据的计算。

1. 位置分析

如图 2-2 所示,由于这里有 4 个未知量,为了求解需要建立两个封闭矢量方程。由封闭图形 $ABCA$ 可写出机构的一个封闭矢量方程:

$$l_6 + l_1 = s_3 \tag{2-1}$$

其复数形式表示为

$$l_6 e^{i\frac{\pi}{2}} + l_1 e^{i\theta_1} = s_3 e^{i\theta_3} \tag{2-2}$$

将式(2-2)的实部和虚部分离,得

$$\begin{cases} l_1 \cos\theta_1 = s_3 \cos\theta_3 \\ l_1 \sin\theta_1 + l_6 = s_3 \sin\theta_3 \end{cases} \tag{2-3}$$

由式(2-3)得

$$\begin{cases} s_3 = \sqrt{(l_1 \cos\theta_1)^2 + (l_1 \sin\theta_1 + l_6)^2} \\ \theta_3 = \arccos \dfrac{l_1 \cos\theta_1}{s_3} \end{cases} \tag{2-4}$$

由封闭图形 $CDEGC$ 可写出机构另一个封闭矢量方程:

$$l_3 + l_4 = l_6 + s_E \tag{2-5}$$

其复数形式表示为

$$l_3 e^{i\theta_3} + l_4 e^{i\theta_4} = l_6' e^{i\frac{\pi}{2}} + s_E \tag{2-6}$$

将式(2-6)的实部和虚部分离,得

$$\begin{cases} l_3 \cos\theta_3 + l_4 \cos\theta_4 - s_E = 0 \\ l_3 \sin\theta_3 + l_4 \sin\theta_4 = l_6' \end{cases} \tag{2-7}$$

由式(2-7)得

$$\begin{cases} s_E = l_3\cos\theta_3 + l_4\cos\theta_4 \\ \theta_4 = \arcsin\dfrac{l_6' - l_3\sin\theta_3}{l_4} \end{cases} \tag{2-8}$$

2. 速度分析

将式(2-2)和式(2-8)对时间 t 求一次导数,得速度关系:

$$\begin{cases} \mathrm{i}l_1\omega_1\mathrm{e}^{\mathrm{i}\theta_1} = v_{23}\mathrm{e}^{\mathrm{i}\theta_3} + \mathrm{i}s_3\omega_3\mathrm{e}^{\mathrm{i}\theta_3} \\ \mathrm{i}l_3\omega_3\mathrm{e}^{\mathrm{i}\theta_3} + \mathrm{i}l_4\omega_4\mathrm{e}^{\mathrm{i}\theta_4} = v_E \end{cases} \tag{2-9}$$

将式(2-9)的实部和虚部分离,得

$$\begin{cases} l_1\omega_1\cos\theta_1 = v_{23}\sin\theta_3 + s_3\omega_3\cos\theta_3 \\ -l_1\omega_1\sin\theta_1 = v_{23}\cos\theta_3 - s_3\omega_3\sin\theta_3 \\ l_3\omega_3\cos\theta_3 + l_4\omega_4\cos\theta_4 = 0 \\ -l_3\omega_3\sin\theta_3 - l_4\omega_4\sin\theta_4 = v_E \end{cases} \tag{2-10}$$

若用矩阵形式来表示,则式(2-10)可写为

$$\begin{bmatrix} \cos\theta_3 & -s_3\sin\theta_3 & 0 & 0 \\ \sin\theta_3 & s_3\cos\theta_3 & 0 & 0 \\ 0 & -l_3\sin\theta_3 & -l_4\sin\theta_4 & -1 \\ 0 & l_3\cos\theta_3 & l_4\cos\theta_4 & 0 \end{bmatrix} \begin{bmatrix} v_{23} \\ \omega_3 \\ \omega_4 \\ v_E \end{bmatrix} = \omega_1 \begin{bmatrix} -l_1\sin\theta_1 \\ l_1\cos\theta_1 \\ 0 \\ 0 \end{bmatrix} \tag{2-11}$$

3. 加速度分析

将式(2-2)和式(2-8)对时间 t 求二次导数,得加速度关系表达式:

$$\begin{bmatrix} \cos\theta_3 & -s_3\sin\theta_3 & 0 & 0 \\ \sin\theta_3 & s_3\cos\theta_3 & 0 & 0 \\ 0 & -l_3\sin\theta_3 & -l_4\sin\theta_4 & -1 \\ 0 & l_3\cos\theta_3 & l_4\cos\theta_4 & 0 \end{bmatrix} \begin{bmatrix} \alpha_{23} \\ \alpha_3 \\ \alpha_4 \\ a_E \end{bmatrix}$$

$$= \begin{bmatrix} -\omega_3\sin\theta_3 & -v_{23}\sin\theta_3 - s_3\omega_3\cos\theta_3 & 0 & 0 \\ \omega_3\cos\theta_3 & v_{23}\cos\theta_3 - s_3\omega_3\sin\theta_3 & 0 & 0 \\ 0 & -l_3\omega_3\cos\theta_3 & -l_4\omega_4\cos\theta_4 & 0 \\ 0 & -l_3\omega_3\sin\theta_3 & -l_4\omega_4\sin\theta_4 & 0 \end{bmatrix} \begin{bmatrix} v_{23} \\ \omega_3 \\ \omega_4 \\ v_E \end{bmatrix} + \omega_1 \begin{bmatrix} -l_1\omega_1\cos\theta_1 \\ -l_1\omega_1\sin\theta_1 \\ 0 \\ 0 \end{bmatrix}$$

$$\tag{2-12}$$

2.3　计算实例

如图 2-2 所示,已知牛头刨床主运动机构各构件的尺寸为:$l_1 = 125\text{mm}$、$l_3 = 600\text{mm}$、$l_4 = 150\text{mm}$、$l_6 = 275\text{mm}$,$l_6' = 575\text{mm}$,原动件 1 以匀角速度 $\omega_1 = 1\text{rad/s}$ 逆时针转动,计算该机构中各从动件的角位移、角速度、角加速度及刨头 5 上 E 点的位置、速度和加速度,并绘制运动线图。

程序设计。牛头刨床主运动机构 MATLAB 程序由主程序 six_bar_main 和子程序 six_bar 两部分组成。

主程序 six_bar_main 文件如下所示:

```matlab
% 1. 位移曲线设计
clear;
l61 = 0.575;                 % 即 l6'
l6 = 0.275;                  % 即 l6
l1 = 0.125;
l3 = 0.6;
l4 = 0.15;
omega1 = 1;
alpha1 = 0;
hd = pi/180;
du = 180/pi;
% 2. 调用子程序 six_bar 计算牛头刨床机构位移、角速度、角加速度
for n1 = 1:459;
theta1(n1) = -2 * pi + 5.8119 + (n1 - 1) * hd;
ll = [l1,l3,l4,l6,l61];
[theta, omega, alpha] = six_bar(theta1(n1),omega1,alpha1,ll);
    s3(n1) = theta(1);           % s3 表示滑块 2 相对 CD 杆的位移
    theta3(n1) = theta(2);       % theta3 表示杆 3 转过的角度
    theta4(n1) = theta(3);       % theta4 表示杆 4 转过的角度
    sE(n1) = theta(4);           % sE 表示杆 5 的位移
    v2(n1) = omega(1);           % v2 表示滑块 2 的速度
    omega3(n1) = omega(2);       % omega3 表示构件 3 的角速度
    omega4(n1) = omega(3);       % omega4 表示构件 4 的角速度
    vE(n1) = omega(4);           % vE 表示构件 5 的速度
    a2(n1) = alpha(1);           % a2 表示滑块 2 的加速度
    alpha3(n1) = alpha(2);       % alpha3 表示杆 3 的角加速度
    alpha4(n1) = alpha(3);       % alpha4 表示杆 4 的角加速度
    aE(n1) = alpha(4);           % aE 表示构件 5 的加速度
end
% 3. 位移、角速度、角加速度和牛头刨床图形输出
figure(3);
n1 = 1:459;
```

```
t = (n1 - 1) * 2 * pi/360;
subplot(2,2,1);                                    %绘角位移及位移线图
plot(t,theta3 * du,'r-.');
grid on;
hold on;
axis auto;
[haxes,hline1,hline2] = plotyy(t,theta4 * du,t,sE);
grid on;
hold on;
xlabel('时间/s')
axes(haxes(1));
ylabel('角位移/\circ')
axes(haxes(2));
ylabel('位移/m')
hold on;
grid on;
text(1.15, - 0.65,'\theta_3')
text(3.4,0.27,'\theta_4')
text(2.25, - 0.15,'s_E')
subplot(2,2,2);
plot(t,omega3,'r-.');
grid on;
hold on;
axis auto;
[haxes,hline1,hline2] = plotyy(t,omega4,t,vE);
grid on;
hold on;
xlabel('时间/s')
axes(haxes(1));
ylabel('角速度/rad\cdots^{ - 1}')
axes(haxes(2));
ylabel('速度/m\cdots^{ - 1}')
hold on;
grid on;
text(3.1,0.35,'\omega_3')
text(2.1,0.1,'\omega_4')
text(5.5,0.45,'v_E')
subplot(2,2,3);
plot(t,alpha3,'r - .');
grid on;
hold on;
axis auto;
[haxes,hline1,hline2] = plotyy(t,alpha4,t,aE);
grid on;
hold on;
```

```
xlabel('时间/s')
axes(haxes(1));
ylabel('角加速度/rad\cdots^{-2}')
axes(haxes(2));
ylabel('加速度/m\cdots^{-2}')
hold on;
grid on;
text(1.5,0.3,'\alpha_3')
text(3.5,0.51,'\alpha_4')
text(1.5,-0.11,'a_E')
```

子程序 six_bar 文件如下所示：

```
function[theta,omega,alpha] = six_bar(theta1,omega1,alpha1,l1)
l1 = l1(1);
l3 = l1(2);
l4 = l1(3);
l6 = l1(4);
l61 = l1(5);
%1.计算角位移和线位移
s3 = sqrt((l1 * cos(theta1)) * (l1 * cos(theta1)) + (l6 + l1 * sin(theta1)) * (l6 + l1 * sin
(theta1)));
theta3 = acos((l1 * cos(theta1))/s3);
theta4 = pi - asin((l61 - l3 * sin(theta3))/l4);
sE = l3 * cos(theta3) + l4 * cos(theta4);
theta(1) = s3;
theta(2) = theta3;
theta(3) = theta4;
theta(4) = sE;
%2.计算角速度和线速度
A = [sin(theta3),s3 * cos(theta3),0,0;        %从动件位置参数矩阵
    - cos(theta3),s3 * sin(theta3),0,0;
0,l3 * sin(theta3),l4 * sin(theta4),1;
0,l3 * cos(theta3),l4 * cos(theta4),0];
B = [l1 * cos(theta1);l1 * sin(theta1);0;0];  %原动件位置参数矩阵
omega = A\(omega1 * B);
v2 = omega(1);                                %滑块2的速度
omega3 = omega(2);                            %构件3的角速度
omega4 = omega(3);                            %构件4的角速度
vE = omega(4);                                %构件5的速度
%3.计算角加速度和加速度
A = [sin(theta3),s3 * cos(theta3),0,0;        %从动件位置参数矩阵
cos(theta3), - s3 * sin(theta3),0,0;
0,l3 * sin(theta3),l4 * sin(theta4),1;
0,l3 * cos(theta3),l4 * cos(theta4),0];
At = [omega3 * cos(theta3),(v2 * cos(theta3) - s3 * omega3 * sin(theta3)),0,0;
    - omega3 * sin(theta3),( - v2 * sin(theta3) - s3 * omega3 * cos(theta3)),0,0;
0,l3 * omega3 * cos(theta3),l4 * omega4 * cos(theta4),0;
0, - l3 * omega3 * sin(theta3), - l4 * omega4 * sin(theta4),0];
Bt = [ - l1 * omega1 * sin(theta1); - l1 * omega1 * cos(theta1);0;0];
```

```
alpha = A\( − At * omega + omega1 * Bt)      % 机构从动件的加速度阵列
a2 = alpha(1);                               % 滑块 2 的加速度
alpha3 = alpha(2);                           % 杆 3 的角加速度
alpha4 = alpha(3);                           % 杆 4 的角加速度
aE = alpha(4);                               % 构件 5 的加速度
```

程序运算结果如图 2-3 所示。

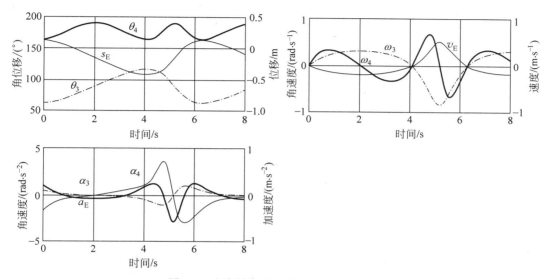

图 2-3　牛头刨床主运动机构运动分析图

牛头刨床主运动机构运动分析 MATLAB 源程序可扫右边二维码下载。

第3章

联动凸轮机构的设计

3.1 凸轮轮廓设计方法

用解析法设计凸轮轮廓曲线,是根据已知的凸轮机构参数和从动件运动规律,求出凸轮轮廓曲线方程,即凸轮轮廓曲线坐标与凸轮转角的方程式。

3.1.1 滚子从动件盘形凸轮的轮廓线设计

如图 3-1 所示,在滚子从动件盘形凸轮机构上建立直角坐标系 xOy,原点 O 位于凸轮的回转中心。当从动件在 1 位置时,设滚子中心 B_0 点为凸轮推程段理论轮廓线的起始点。当整个凸轮机构反转 φ 角后,从动件到达 2 位置,B_0 点到达 B 点,此时从动件的位移 $s = \overline{B_1 B}$。从图上可以看出,从动件上 B 点的运动可以看作由 B_0 点先绕 O 点反转 φ 角到达凸轮理论轮廓线基圆上的 B_1 点,然后,B_1 点再沿导路移动位移 s 到达 B 点。设凸轮机构的偏距为 e,B_0 点的坐标为 (x_{B_0}, y_{B_0}),B 点的坐标为 (x, y),利用刚体的旋转变换和平移变换可求得 B 点的坐标为

$$\begin{pmatrix} x \\ y \end{pmatrix} = \begin{pmatrix} \cos\varphi & \sin\varphi \\ -\sin\varphi & \cos\varphi \end{pmatrix} \begin{pmatrix} x_{B_0} \\ y_{B_0} \end{pmatrix} + \begin{pmatrix} s_x \\ s_y \end{pmatrix} \tag{3-1}$$

式中,$\begin{cases} x_{B_0} = e \\ y_{B_0} = s_0 = \sqrt{r_0^2 - e^2} \end{cases}$,$\begin{cases} s_x = s\sin\varphi \\ s_y = s\cos\varphi \end{cases}$ 代入式(3-1)并整理得

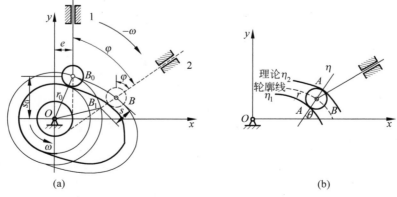

(a)   (b)

图 3-1 滚子从动件盘形凸轮的轮廓线设计

$$\begin{cases} x = (s_0 + s)\sin\varphi + e\cos\varphi \\ y = (s_0 + s)\cos\varphi - e\sin\varphi \end{cases} \tag{3-2}$$

式(3-2)即为滚子从动件盘形凸轮的理论轮廓线方程。

由前文可知,凸轮的实际轮廓线是圆心位于理论轮廓线上的一系列滚子圆族的包络线,如图 3-1(b)所示,而且滚子圆族的包络线应该有两条(η_1 和 η_2),分别对应外凸轮和内凸轮的实际轮廓线。理论轮廓线与包络线之间的法向距离等于滚子的半径 r_r。设过凸轮理论轮廓线上 B 点的法线与滚子圆族的包络线交于 A(或 A')点,则 A(或 A')点也是凸轮实际轮廓线上的点。设 A(或 A')点的坐标为(x_A,y_A),则凸轮的实际轮廓线方程为

$$\begin{cases} x_A = x \pm r_r\cos\theta \\ y_A = y \pm r_r\sin\theta \end{cases} \tag{3-3}$$

式中,θ 为公法线与 x 轴的夹角;(x,y)为滚子圆心(位于理论轮廓线上)的坐标。需要说明的是,式中"+"用于求解外凸轮的实际轮廓线 η_2,"-"用于计算内凸轮的实际轮廓线 η_1。

利用高等数学的知识,曲线上任意一点法线的斜率与该点处切线斜率互为负倒数,所以有

$$\tan\theta = \frac{\sin\theta}{\cos\theta} = -\frac{\mathrm{d}x}{\mathrm{d}y} = \frac{\dfrac{\mathrm{d}x}{\mathrm{d}\varphi}}{-\dfrac{\mathrm{d}y}{\mathrm{d}\varphi}} \tag{3-4}$$

对式(3-2)求导可得

$$\begin{cases} \dfrac{\mathrm{d}x}{\mathrm{d}\varphi} = (s_0 + s)\cos\varphi + \dfrac{\mathrm{d}s}{\mathrm{d}\varphi}\sin\varphi - e\sin\varphi \\ \dfrac{\mathrm{d}y}{\mathrm{d}\varphi} = -(s_0 + s)\sin\varphi + \dfrac{\mathrm{d}s}{\mathrm{d}\varphi}\cos\varphi - e\cos\varphi \end{cases} \tag{3-5}$$

综合式(3-4)、式(3-5)可得到下式:

$$\begin{cases} \sin\theta = \dfrac{\dfrac{\mathrm{d}x}{\mathrm{d}\varphi}}{\sqrt{\left(\dfrac{\mathrm{d}x}{\mathrm{d}\varphi}\right)^2 + \left(\dfrac{\mathrm{d}y}{\mathrm{d}\varphi}\right)^2}} \\ \cos\theta = \dfrac{-\dfrac{\mathrm{d}y}{\mathrm{d}\varphi}}{\sqrt{\left(\dfrac{\mathrm{d}x}{\mathrm{d}\varphi}\right)^2 + \left(\dfrac{\mathrm{d}y}{\mathrm{d}\varphi}\right)^2}} \end{cases} \tag{3-6}$$

将式(3-6)代入式(3-3),可求解凸轮的实际轮廓线坐标值。

3.1.2　从动件运动规律的选择

从动件运动规律的选择,涉及多方面的因素。通常,在选择从动件运动规律时,应考虑以下两个方面的问题。

1．考虑凸轮机构具体的使用场合和工作条件

（1）当机械的工作过程只要求从动件实现一定的工作行程，而对运动规律无特殊要求时，应考虑选择使凸轮机构具有较好的动力特性和便于加工的运动规律。对于低速轻载的凸轮机构，主要考虑凸轮轮廓线便于加工，可选择圆弧等易于加工的曲线作为凸轮轮廓线。

（2）当机构的工作过程对从动件的运动规律有特殊要求，而凸轮转速又不太高时，应首先从满足工作需要方面来选择从动件运动规律，其次考虑其动力特性和加工难易度。对于机床上控制进刀的凸轮机构，由于一般要求切削时刀具作等速运动，在设计对应切削过程的从动件运动规律时，应选择等速运动规律。但考虑全推程等速运动规律在运动起始和终点位置时有刚性冲击，可在这两处做适当改进，以使其有较好的动力特性。

（3）当机械的工作过程对从动件的运动规律有特殊要求，而凸轮转速又较高时，应兼顾两者来设计从动件的运动规律，通常可把不同形式的常用运动规律恰当地组合起来。

2．综合考虑运动规律的各项特性指标

在选择从动件运动规律时，除了考虑其冲击特性外，还要考虑反映从动件运动或动力特性的从动件运动参数特性值，这些特性值包括从动件最大速度 v_{max}、最大加速度 a_{max} 和跃度的最大值 j_{max}。从动件最大速度 v_{max} 越大，其动量 mv 越大，当从动件的运动受阻时会产生极大的冲击力而危及机器和人身安全。从动件最大加速度 a_{max} 越大，产生的惯性力 ma 越大，则作用在凸轮与从动件之间的接触应力越大，因而需要增加机构的强度和耐磨性。跃度表示加速度的变化率，减小跃度的最大值 j_{max}，有利于改善系统工作的平稳性。因此，设计从动件运动规律时，总是希望最大速度 v_{max}、最大加速度 a_{max} 和跃度的最大值 j_{max} 越小越好。但这些特性指标往往是互相制约的，需要针对具体情况确定选择运动规律。

3.1.3　从动件运动规律的组合

实际工程中对凸轮机构的运动和动力特性有多种要求，特别是在一些具有特殊运动要求及非对称运动的应用场合，从动件的常用运动规律具有较大的局限性。这时，可在一定条件下将几种常用运动规律组合使用，以满足机构的工作需求。从动件运动规律进行组合时，可根据凸轮机构的工作性能指标，选择一种常用运动规律作为主体，再用其他类型的基本运动规律与之组合。

进行运动规律组合时应满足下列条件。

（1）保证各段运动规律在衔接点处的运动参数（位移、速度、加速度）必须连续，在运动的起始点和终止点保证运动参数满足边界条件，从而避免在运动的始、末位置发生刚性冲击或柔性冲击。

（2）降低运动参数的幅值以提高凸轮的运动和动力性能，应使最大速度 v_{max} 和最大加速度 a_{max} 的值尽可能小，因为动量和惯性力分别与速度 v 和加速度 a 成正比。

表 3-1 介绍了工程中广泛应用的三种从动件运动规律的组合。

表 3-1　典型组合运动规律

运动规律	运 动 线 图	说　　明
改进等速运动规律		等速运动的最大速度较小,但速度曲线和加速度曲线都不连续,有刚性冲击。采用简谐运动修正等速运动规律时,对于"停-升-停"类型的从动件,在行程的始、末位置有柔性冲击
		采用摆线运动修正等速运动规律的加速度曲线无突变现象,因此从动件无刚性冲击和柔性冲击
改进梯形加速度运动规律		等加速等减速运动规律的最大加速度值较小,但是加速度曲线不连续。用加速度曲线连续的正弦曲线来弥补。剖开周期为 $t_0/2$ 的正弦曲线插入等加速等减速曲线即可获得特性较好的运动规律曲线

续表

运动规律	运动线图	说　明
改进正弦加速度运动规律	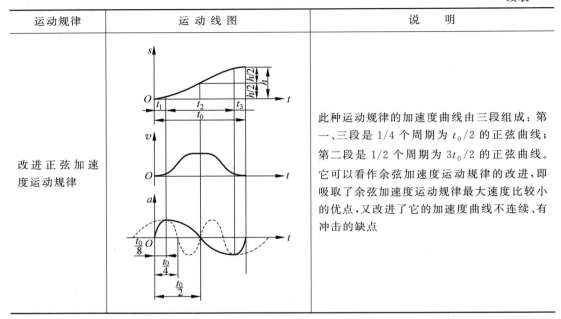	此种运动规律的加速度曲线由三段组成：第一、三段是 1/4 个周期为 $t_0/2$ 的正弦曲线；第二段是 1/2 个周期为 $3t_0/2$ 的正弦曲线。它可以看作余弦加速度运动规律的改进，即吸取了余弦加速度运动规律最大速度比较小的优点，又改进了它的加速度曲线不连续、有冲击的缺点

3.2　凸轮机构基本尺寸的设计

设计凸轮机构的凸轮轮廓曲线时，不仅要求从动件能够实现预期的运动规律，还应该保证凸轮机构具有合理的结构尺寸和良好的运动、力学性能。因此，基圆半径、偏距和滚子半径、压力角等基本尺寸和参数的选择也是凸轮机构设计的重要内容。

3.2.1　凸轮机构的压力角

凸轮机构的压力角指不计摩擦时，凸轮与从动件在某瞬时接触点处的公法线方向与从动件运动方向之间所夹的锐角，常用 α 表示。压力角是衡量凸轮机构受力情况好坏的一个重要参数。

1. 直动从动件凸轮机构的压力角

如图 3-2(a)所示为直动滚子从动件盘形凸轮机构，接触点 B 处的压力角如图所示，P 点为从动件与凸轮的瞬心，压力角 α 可从几何关系中找出，即

$$\tan\alpha = \frac{\overline{OP} \pm e}{s_0 + s} = \frac{\dfrac{\mathrm{d}s}{\mathrm{d}\varphi} \pm e}{\sqrt{r_0^2 - e^2} + s} \tag{3-7}$$

正确选择从动件的偏置方向有利于减小凸轮机构的压力角。此外，压力角还与凸轮的基圆半径和偏距等参数有关。

当偏距 $e=0$ 时，代入式(3-7)，即可得到对心直动从动件盘形凸轮机构的压力角计算

公式：

$$\tan\alpha = \frac{\dfrac{\mathrm{d}s}{\mathrm{d}\varphi}}{r_0 + s} \tag{3-8}$$

对于图 3-2(b)所示的直动平底从动件盘形凸轮机构，根据图中的几何关系，其压力角为

$$\alpha = 90° - \gamma$$

式中，γ 为从动件的平底与导路中心线的夹角。显然，平底直动从动件凸轮机构的压力角为常数，机构的受力方向不变，运转平稳性好。如果从动件的平底与导路中心线之间的夹角 $\gamma = 90°$，则压力角 $\alpha = 0°$。

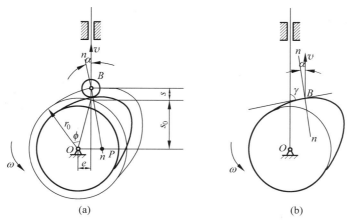

图 3-2　直动从动件盘形凸轮机构

2. 摆动从动件凸轮机构的压力角

图 3-3 所示为摆动从动件盘形凸轮机构。其中图 3-3(a)为滚子从动件的压力角示意图，摆杆 AB 在滚子中心 B 点的速度方向垂直 AB，速度方向与过接触点的公法线之间夹角为对应的压力角。摆杆 AB 的摆动弧与基圆交点和行程起始点在基圆上的圆心角为对应的凸轮转角。

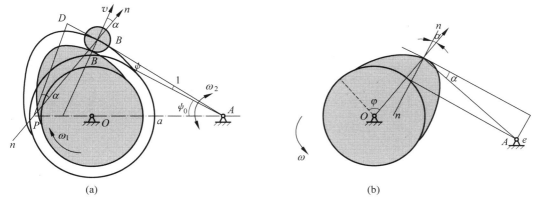

图 3-3　摆动从动件盘形凸轮机构

对于摆动滚子从动件凸轮机构（图 3-3（a）），设摆杆的长度 $\overline{AB}=l$，机架的长度 $\overline{OA}=a$。

过瞬心 P 作摆杆 AB 的垂线，交 AB 的延长线于 D 点，则根据图中的几何关系，有

$$\tan\alpha=\frac{\overline{BD}}{\overline{PD}}=\frac{\overline{AP}\cos(\psi_0+\psi)-l}{\overline{AP}\sin(\psi_0+\psi)} \tag{3-9}$$

根据瞬心的性质可得

$$\overline{AP}=\overline{OP}+a=\frac{\left(\dfrac{\mathrm{d}\psi}{\mathrm{d}\varphi}\right)a}{1-\dfrac{\mathrm{d}\psi}{\mathrm{d}\varphi}}+a=\frac{a}{1-\dfrac{\mathrm{d}\psi}{\mathrm{d}\varphi}} \tag{3-10}$$

将式（3-10）代入式（3-9）并整理，即可得到摆动滚子从动件凸轮机构压力角的计算公式

$$\tan\alpha=\frac{a\cos(\psi_0+\psi)-l\left(1-\dfrac{\mathrm{d}\psi}{\mathrm{d}\varphi}\right)}{a\sin(\psi_0+\psi)} \tag{3-11}$$

对于摆动平底从动件盘形凸轮机构（图 3-3（b）），凸轮与从动件的接触点 B 的速度方向垂直于 AB，而 B 点的受力方向垂直于平底，因此其压力角计算公式为

$$\sin\alpha=\frac{e}{AB} \tag{3-12}$$

显然，如果 $e=0$，则其压力角也为 0。

由式（3-11）、式（3-12）可知，对于摆动从动件盘形凸轮机构，其压力角受从动件的运动规律、摆杆长度、机架长度等因素的影响，所以在设计时要加以注意。

3. 凸轮机构的许用压力角

凸轮机构的压力角与基圆半径、偏距和滚子半径等基本尺寸有直接的关系。这些参数之间往往互相制约。增大凸轮的基圆半径可以获得较小的压力角，但凸轮尺寸增大。反之，减小凸轮的基圆半径，可以获得较为紧凑的结构，但同时又使凸轮机构的压力角增大。压力角过大会降低机械效率。因此，必须对凸轮机构的最大压力角加以限制，使其小于许用压力角，即 $\alpha_{\max}<[\alpha]$。凸轮机构的许用压力角如表 3-2 所示。

表 3-2　凸轮机构的许用压力角

封 闭 形 式	从动件的运动方式	推　　程	回　　程
力封闭	直动从动件	$[\alpha]=25°\sim35°$	$[\alpha']=70°\sim80°$
	摆动从动件	$[\alpha]=35°\sim45°$	$[\alpha']=70°\sim80°$
形封闭	直动从动件	$[\alpha]=25°\sim35°$	$[\alpha']=[\alpha]$
	摆动从动件	$[\alpha]=35°\sim45°$	$[\alpha']=[\alpha]$

3.2.2 凸轮机构基本尺寸的设计

1.基圆半径的设计

对于直动滚子从动件盘形凸轮,可根据式(3-8)求解出凸轮的基圆半径

$$r_0 = \sqrt{\left(\frac{\frac{\mathrm{d}s}{\mathrm{d}\varphi} \pm e}{\tan\alpha} - s\right)^2 + e^2} \tag{3-13}$$

显然,压力角 α 越大,基圆半径越小,机构尺寸越紧凑。在其他参数不变的情况下,当 $\alpha = [\alpha]$,可以使凸轮机构在满足压力角条件的同时,获得紧凑的结构尺寸。此时,最小基圆半径为

$$r_{0\min} = \sqrt{\left(\frac{\frac{\mathrm{d}s}{\mathrm{d}\varphi} \pm e}{\tan[\alpha]} - s\right)^2 + e^2} \tag{3-14}$$

对于直动平底从动件盘形凸轮,凸轮廓线上各点的曲率半径 $\rho > 0$。曲率半径的计算公式为

$$\rho = \frac{(1 + y'^2)^{\frac{3}{2}}}{y''} \tag{3-15}$$

式中, $y' = \dfrac{\mathrm{d}y}{\mathrm{d}x} = \dfrac{\dfrac{\mathrm{d}y}{\mathrm{d}\varphi}}{\dfrac{\mathrm{d}x}{\mathrm{d}\varphi}}$。代入式(3-15)并整理得

$$\rho = \frac{\left[\left(\dfrac{\mathrm{d}x}{\mathrm{d}\varphi}\right)^2 + \left(\dfrac{\mathrm{d}y}{\mathrm{d}\varphi}\right)^2\right]^{\frac{3}{2}}}{\dfrac{\mathrm{d}x}{\mathrm{d}\varphi} \cdot \dfrac{\mathrm{d}^2 y}{\mathrm{d}\varphi^2} - \dfrac{\mathrm{d}y}{\mathrm{d}\varphi} \cdot \dfrac{\mathrm{d}^2 x}{\mathrm{d}\varphi^2}} \tag{3-16}$$

令 $\rho > \rho_{\min}$,代入平底从动件盘形凸轮的轮廓线方程,可得

$$r > \rho_{\min} - s - \frac{\mathrm{d}^2 s}{\mathrm{d}\varphi^2} \tag{3-17}$$

2. 滚子半径的设计

在设计滚子尺寸时,必须保证滚子同时满足运动特性要求和强度要求。图 3-4 所示为外凸轮廓线中的滚子圆族的包络情况。设理论轮廓线上某点的曲率半径为 ρ,实际轮廓线在对应点的曲率半径为 ρ_A,滚子半径为 r_r,根据图中的几何关系有: $\rho_A = \rho - r_r$。

图 3-4(a)中, $\rho - r_r > 0$;图 3-4(b)中, $\rho - r_r = 0$,实际轮廓线的最小曲率半径为 0,表明在该位置出现尖点,运动过程中容易磨损;图 3-4(c)中, $\rho - r_r < 0$,实际轮廓线曲率半径为负值,说明在包络加工过程中,图中交叉的阴影部分将被切掉,从而导致机构的运动失真。

为了避免发生这种现象,要对滚子的半径加以限制。通常情况下应保证 $r_r \leqslant 0.8\rho_{\min}$。

对于图 3-4(d)所示的内凹轮廓线中滚子圆族的包络情况,由于 $\rho_a = \rho + r_r$,不会出现运动失真问题。从强度要求考虑,滚子半径应满足以下条件 $r \geqslant (0.1 \sim 0.5)r_0$。

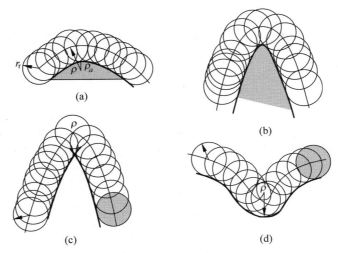

(a)

(b)

(c)

(d)

图 3-4　凸轮滚子尺寸与轮廓线的关系

3. 平底长度的设计

如图 3-5 所示,在平底从动件盘形凸轮机构运动过程中,要保证从动件的平底在任意时刻均与凸轮接触。因此,平底的长度 l 应满足以下条件

$$l = 2\overline{OP}_{\max} + \Delta l = 2\left(\frac{\mathrm{d}s}{\mathrm{d}\varphi}\right)_{\max} + \Delta l$$

式中,Δl 为附加长度,由具体的结构而定,一般取 $\Delta l = 5 \sim 7\mathrm{mm}$。

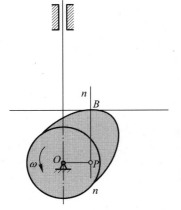

图 3-5　平底从动件盘形凸轮机构

4. 偏距的设计

从动件的偏置方向会直接影响凸轮机构压力角的大小,因此在选择从动件的偏置方向时需要遵循的原则是:尽可能减小凸轮机构在推程阶段的压力角,其偏距可按下式计算

$$\tan\alpha = \frac{\dfrac{\mathrm{d}s}{\mathrm{d}\varphi} - e}{\sqrt{r_0^2 - e^2} + s} = \frac{\dfrac{v}{\omega} - e}{s_0 + s} = \frac{v - e\omega}{(s_0 + s)\omega} \quad (3\text{-}18)$$

一般情况下,从动件运动速度的最大值发生在凸轮机构压力角最大的位置,则式(3-18)可改写为

$$\tan\alpha = \frac{v_{\max} - e\omega}{(s_0 + s)\omega} \quad (3\text{-}19)$$

由于压力角为锐角,故有

$$v_{\max} - e\omega \geqslant 0$$

由式(3-19)可知,增大偏距,有利于减小凸轮机构的压力角,但偏距的增加也有限度,其最大值应满足以下条件

$$e_{\max} \leqslant \frac{v_{\max}}{\omega}$$

因此,设计偏置式凸轮机构时,其从动件偏置方向的确定原则是:从动件应置于使该凸轮机构的压力角减小的位置。

3.3 设 计 实 例

设计联动凸轮机构(图 3-6)的凸轮 X、Y 轴,使得两推杆交叉点 E 的运动轨迹符合字母 M 的大致形状。要求如下:

(1) 设计出从动件位移曲线、仿真字母轨迹,要求冲击尽可能小;

(2) 选择凸轮基本参数:基圆半径 R_0、滚子半径 r_r 等;

(3) 用 MATLAB 软件绘制 SVAJ 曲线、凸轮的理论轮廓和实际轮廓;

(4) 通过程序校验凸轮的压力角;

(5) 完成设计报告。

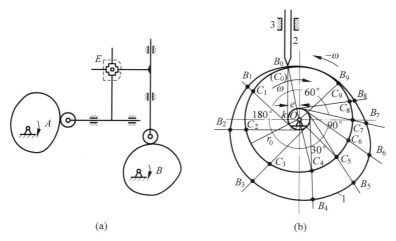

图 3-6 联动凸轮机构

1. 曲线设计思路

1)初始 X、Y 分段曲线确定

将字母 M 书写时的位移矢量分解到 X、Y 轴,得到两个分解矢量的变化规律。书写步骤如图 3-7 所示,顺序书写完成后原路返回即可。

2)X、Y 分段曲线修正

设置突变开始和结束点的坐标值,分别选取为拐点左右宽度为 i_1 和 i_2 的范围,将修正曲线 S 和已知坐标对联立、修正曲线的导数 S'(即 V 曲线)与已知斜率(即 K)联立,可以得

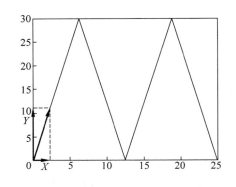

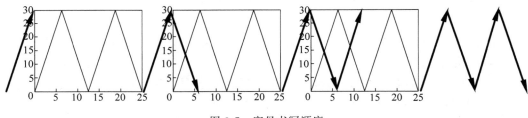

图 3-7   字母书写顺序

到修正段 S 的 T 和 K 值,即可得到修正曲线段的公式,即

$$V = \frac{K}{2}\cos\left[\frac{2\pi}{2T}(\theta - T_0)\right] + \frac{K}{2} \tag{3-20}$$

$$S = \frac{KT}{2\pi}\sin\left[\frac{\pi}{T}(\theta - T_0)\right] + \frac{K}{2}(\theta - T_0) + KT_0 \tag{3-21}$$

以 X 轴推杆运动的突变点为例,将 360°等分 360 份为 i,再将自变量 i 二等分,在 180°时出现拐点,选取 $(180-i_1)° \sim (180+i_1)°$ 为修正段,其中 i_1 为修正段半长。在 $i=(180-i_1)°$ 点建立方程,计算得到 $T_0 = (180-i_1)$,$K=k$。位移曲线的修正如图 3-8 所示,其他各段类似。

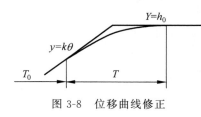

图 3-8   位移曲线修正

对于 Y 轴推杆运动,可看作将 X 轴运动压缩再阵列,通过设置两层嵌套循环自动实现,适当修正参数后即可达到效果。

因为 M 字母路径均为直线,下面讨论曲线路径时的实现方法:一种为与直线转折点的修正类似,即使坐标和斜率分别相等,也可以直接全部使用曲线方程,需要较大计算量。

2. 凸轮轮廓设计

考虑到书写字母 M 时,在 X 轴和 Y 轴运动的对称特性,进程和回程轨迹相同,初步设计中不设置偏置,则在 MATLAB 中可由 polarplot 极坐标图绘制命令直接绘制凸轮:以 $i=1:1:360$ 划分角度,将分段函数每段的 $x(i)$ 与 $y(i)$ 分别加上凸轮基圆半径(初值取 40)后绘制极坐标理论轮廓图,再更换线条颜色,将数值减去半径 r_r(初值取 5),再次绘制得到实际轮廓。

3. 偏置距离与凸轮轮廓设计

一般行程中推程压力较大且许用压力角较小,回程压力较小,对压力角没有过多要求,因此适当地设置偏心可以在推程时减小压力角,达到更好的效果。此次设计中也进行了偏置凸轮的讨论设计,并校核 e 取不同值情况下的压力角,对比选择效果更好的凸轮设计方案。

4. MATLAB 程序实现流程

MATLAB 程序实现的流程如图 3-9 所示。

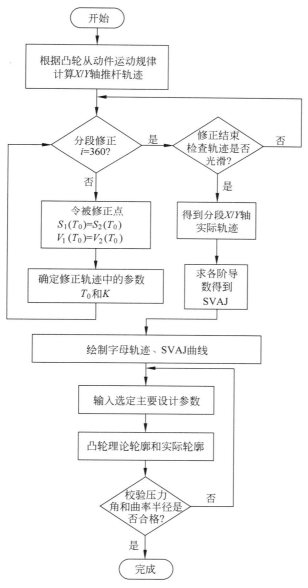

图 3-9　MATLAB 程序框图

5. 字母校验

按上述方法修正后的 M 轨迹和 X、Y 轴轨迹如图 3-10 所示。

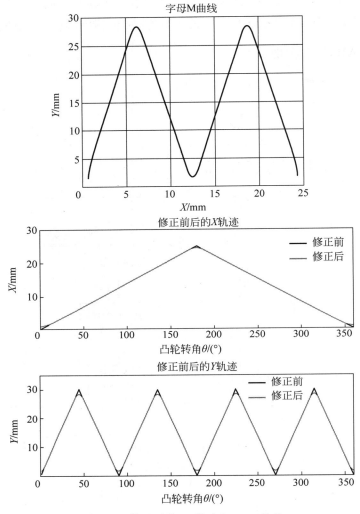

图 3-10   修正后的 M 轨迹和 X、Y 轨迹

6. 凸轮机构的压力角校验方法

压力角为推杆所受正压力与推杆尖点速度方向之间的锐角,根据经验,推程压力角应该不超过 30°,通过增大基圆半径、增设偏置等方法可以改善压力角情况。校验公式如式(3-7)所示。

1)无偏置时的压力角校验

考虑 M 曲线的对称性,首先绘制无偏置凸轮进行压力角校验。此时 $e=0$,$S_0=R_0$。

(1)基圆半径 $R_1=50$,$R_2=50$ 时 X 方向和 Y 方向凸轮如图 3-11 所示,其 X、Y 方向压力角如图 3-12 所示。

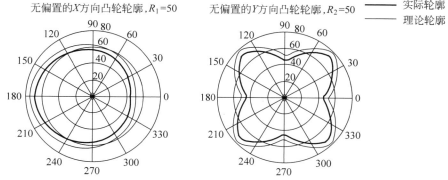

图 3-11　无偏置时 X 方向和 Y 方向凸轮轮廓（$R_1=50$，$R_2=50$）

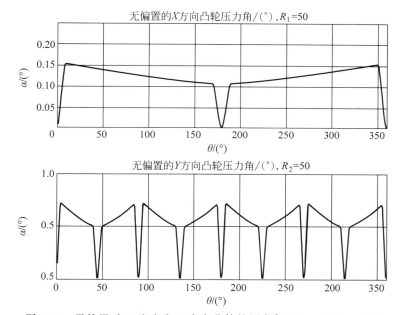

图 3-12　无偏置时 X 方向和 Y 方向凸轮的压力角（$R_1=50$，$R_2=50$）

（2）基圆半径 $R_1=40$，$R_2=100$ 时，X 方向和 Y 方向凸轮如图 3-13 所示，X、Y 方向压力角如图 3-14 所示。

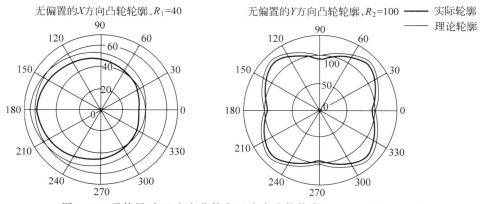

图 3-13　无偏置时 X 方向凸轮和 Y 方向凸轮轮廓（$R_1=40$，$R_2=100$）

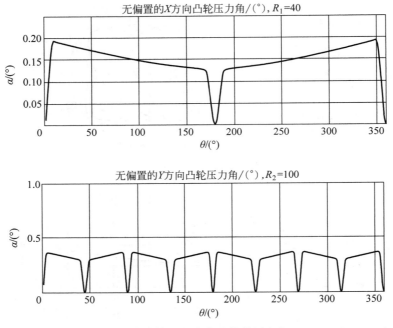

图 3-14　无偏置时 X 方向凸轮和 Y 方向凸轮的压力角$(R_1=40,R_2=100)$

2）有偏置时的压力角校验

经上述校验，取 $R_1=40$，$R_2=100$ 时压力角较为合理，在此基础上，确定基圆半径，改变偏置距离，进行不同偏置距离选择下的压力角讨论。

（1）偏置距离 $e_1=5$，$e_2=5$ 时，X 方向和 Y 方向凸轮如图 3-15 所示，X、Y 方向压力角如图 3-16 所示。

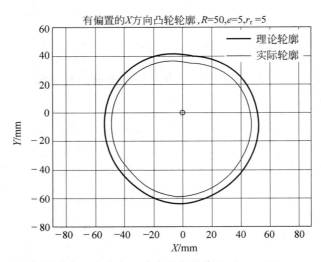

图 3-15　有偏置时 X 方向和 Y 方向凸轮轮廓$(R_1=40,R_2=100,e=5)$

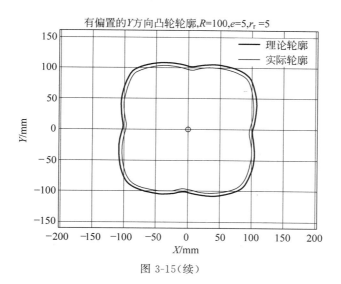

图 3-15（续）

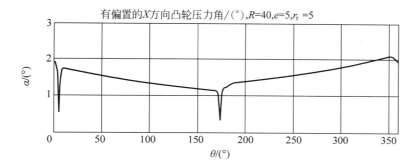

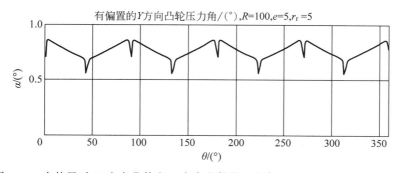

图 3-16 有偏置时 X 方向凸轮和 Y 方向凸轮的压力角（$R_1=40, R_2=100, e=5$）

（2）偏置距离 $e_1=10,e_2=10$ 时，X 方向和 Y 方向凸轮如图 3-17 所示，X、Y 方向压力角如图 3-18 所示。

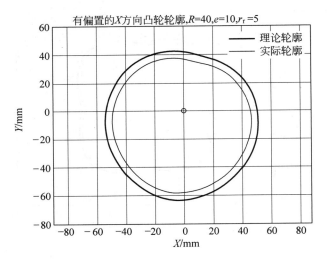

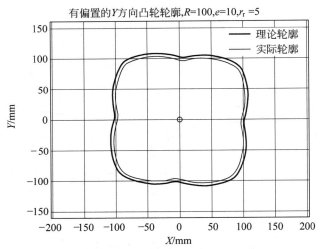

图 3-17　有偏置时 X 方向凸轮和 Y 方向凸轮轮廓（$R_1=40,R_2=100,e=10$）

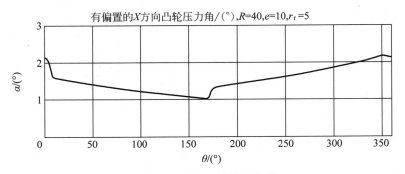

图 3-18　有偏置时 X 方向凸轮和 Y 方向凸轮的压力角（$R_1=40,R_2=100,e=10$）

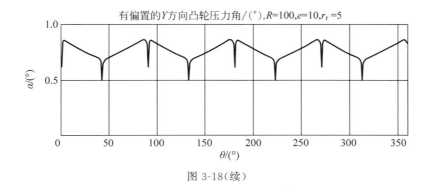

图 3-18（续）

3）压力角取值结果分析

对于 X 方向凸轮,在 e_1 取较小值时压力角有明显波动,随着偏置增加而波动减小,但压力角整体呈增大趋势,对比后取 $e_1=10$ 较为合适。

对于 Y 方向凸轮,在 e_2 取不同值时压力角变化不明显,也尝试了极大的偏置,压力角均比不偏置时大,且根据图 3-14 中压力角校验的结果,基圆半径的选取对 Y 方向凸轮的压力角较为敏感,对比后取 $e_1=0$,即不偏置时较为合适。

7. 凸轮设计和仿真源程序清单

MATLAB 仿真程序如下所示:

```
%% M
clc;clear;
clear all; close all;
% i:运动角(自变量)
i1 = 10;            % x 修正角度范围
i2 = 5;             % y 修正角度范围
h = 30;             % 高
l = 25;             % 宽
%% 原曲线
% X 曲线:x1
for i = 1:1:180
    x1(i) = l * i/180;
    x(i) = l * i/180;
end
for i = 181:1:361
    x1(i) = 2 * l - l * i/180;
    x(i) = 2 * l - l * i/180;
end
% Y 曲线:y1
for j = 0:3
    for i = 1:1:45
        y1(i + j * 45 * 2) = h * i/45;
        y(i + j * 45 * 2) = h * i/45;
    end
```

```
        for i = 46 : 1 : 90
            y1(i + j * 45 * 2) = 2 * h − h * i/45;
            y(i + j * 45 * 2) = 2 * h − h * i/45;
        end
    end
    y1(361) = y(360);
    y(361) = y(360);
    %% 修正曲线段      % X 曲线
    k = l/180;
    for i = 1 : 1 : i1
        x(i) = k * i1/2/pi * sin(pi/i1 * (i − i1)) + k/2 * (i − i1) + x(360 − i1);    % T0 = i1; K = k
    end
    for i = 180 − i1 : 1 : 180
        x(i) = k * i1/2/pi * sin(pi/i1 * (i − (180 − i1))) + k/2 * (i − (180 − i1)) + x(180 − i1);
                                                        % T0 = (180 − i1); K = k
    end
    for i = 180 : 1 : 180 + i1
        x(i) = k * i1/2/pi * sin(pi/i1 * (i − 180)) − k/2 * (i − 180) + x(180);          % T0 = 180; K = k
    end
    for i = 360 − i1 : 1 : 361
        x(i) = − k * i1/2/pi * sin(pi/i1 * (i − (360 − i1))) − k/2 * (i − (360 − i1)) + x(360 − i1);
                                                        % T0 = (360 − i1); K = − k
    end
    % Y 曲线
    k = h/45;
    for j = 0 : 3
        for i = 1 : 1 : i2
            y(i + j * 45 * 2) = k * i2/2/pi * sin(pi/i2 * (i − i2)) + k/2 * (i − i2) + y(90 − i2);
        end
        for i = 45 − i2 : 1 : 45
            y(i + j * 45 * 2) = k * i2/2/pi * sin(pi/i2 * (i − (45 − i2))) + k/2 * (i − (45 − i2)) + y(45 − i2);
        end
        for i = 45 : 1 : 45 + i2
            y(i + j * 45 * 2) = k * i2/2/pi * sin(pi/i2 * (i − 45)) − k/2 * (i − 45) + y(45);
        end
        for i = 90 − i2 : 1 : 90
            y(i + j * 45 * 2) = − k * i2/2/pi * sin(pi/i2 * (i − (90 − i2))) − k/2 * (i − (90 − i2)) +
    y(90 − i2);
        end
    end
    y(361) = y(360);
    %% 绘制无偏置路线图
    figure; subplot(2, 1, 1);
    plot(x1, 'k'); hold on;
    % 黑色为原路线,红色为修正路线
    plot(x, 'r');
    axis([0 360 0 l + 5]);
    title('修正前后的 X 轨迹')
```

```
subplot(2,1,2);
plot(y1,'k');hold on;
plot(y,'r');
axis([0 360 0 h+5]);
title('修正前后的 Y 轨迹')

%% 绘制 M 曲线
Figure; plot(x,y);
grid on
title('字母 M 曲线')
%% SVAJ 曲线
vx = diff(x);a1 = diff(vx);j1 = diff(a1);          % X 曲线
vy = diff(y);a2 = diff(vy);j2 = diff(a2);          % Y 曲线
figure
title('X - SVAJ 曲线');
subplot(4,1,1);
plot(x);title('S:推杆 X 方向位移曲线')
axis([0 360 - 5 33]);
subplot(4,1,2)
plot(vx);title('V:推杆 X 方向速度曲线')
axis([0 360 - 0.3 0.3]);
subplot(4,1,3)
plot(a1);title('A::推杆 X 方向加速度曲线')
axis([0 360 - 0.04 0.04]);
subplot(4,1,4)
plot(j1);title('J:推杆 X 方向跃度曲线')
axis([0 360 - 10^ - 2 10^ - 2]);
figure;
title('Y - SVAJ 曲线');
subplot(4,1,1);
plot(y);title('S:推杆 Y 方向位移曲线')
axis([0 360 - 5 35]);
subplot(4,1,2)
plot(vy);title('V:推杆 Y 方向速度曲线')
axis([0 360 - 1.5 1.5]);
subplot(4,1,3)
plot(a2);title('A:推杆 Y 方向加速度曲线')
axis([0 360 - 0.4 0.4]);
subplot(4,1,4)
plot(j2);title('J:推杆 Y 方向跃度曲线')
axis([0 360 - 0.2 0.2]);

%% 绘制不偏置凸轮
figure
R1 = 50;              % X 基圆半径
R2 = 100;             % Y 基圆半径
R0 = 6;              % 滚子半径
subplot(1,2,1)
```

```
theta = linspace(0,2 * pi,361);
polarplot(theta,x + R1 − R0)
%  直接使用极坐标绘制
hold on
polarplot(theta,x + R1)
legend('实际轮廓','理论轮廓');
title(['无偏置的 X 方向凸轮轮廓 R1 = ',num2str(R1)]);
%  标示使用的半径
subplot(1,2,2)
polarplot(theta,y + R2 − R0)
hold on
polarplot(theta,y + R2)
title(['无偏置的 Y 方向凸轮轮廓 R2 = ',num2str(R2)]);

s1 = x;
s2 = y;  % 推杆位移
vx(361) = vx(1);
vy(361) = vy(1);
for i = 1:1:361
dx(i) = atan(abs(vx(i))./(x(i) + R1)); % X
dx(i) = dx(i) * 180/pi;
end
for i = 1:1:361
dy(i) = atan(abs(vy(i))./(y(i) + R2)); % Y
dy(i) = dy(i) * 180/pi;
end
figure; subplot(211)
plot(dx); grid on;
axis([0 360 0 0.5]);
title(['无偏置的 X 方向凸轮压力角(°)R1 = ',num2str(R1)]);
subplot(212)
plot(dy);
grid on;
axis([0 360 0 0.5]);
title(['无偏置的 Y 方向凸轮压力角(°)R2 = ',num2str(R2)]);

%% X 偏置凸轮
s1 = x;                      % X 推杆位移
e1 = 10;                     % X 轮偏心距
r01 = 40;                    % X 轮基圆半径
rr = 5;                      % X 滚子半径
derta = 1:1:361;             % 推程运动角
s01 = sqrt(r01.^2 − e1.^2);
x1 = (s1 + s01). * sin(derta/180 * pi) + e1. * cos(derta/180 * pi);         % 理论轮廓线
y1 = (s1 + s01). * cos(derta/180 * pi) − e1. * sin(derta/180 * pi);
s1(361) = s1(1);
vx(361) = vx(1);
dx1 = (vx − e1). * sin(derta/180 * pi) + (s01 + s1). * cos(derta/180 * pi);   % 实际轮廓线
dy1 = (vx − e1). * cos(derta/180 * pi) − (s01 + s1). * sin(derta/180 * pi);
s11 = dx1./sqrt(dx1.^2 + dy1.^2);
c11 = − dy1./sqrt(dx1.^2 + dy1.^2);
```

```
xx1 = x1 - rr * c11;
yy1 = y1 - rr * s11;
% figure
plot(x1,y1)
hold on
plot(xx1,yy1)
plot(0,0,'ro')
axis([-60 60 -80 60]);
axis equal
grid on
legend('理论轮廓','实际轮廓');
title(['有偏置的 X 方向凸轮轮廓 R = ',num2str(r01),'e = ',num2str(e1),'rr = ',num2str(rr)]);
% 标示使用的半径
% Y 偏置凸轮
s2 = y;                          % 推杆位移
e2 = 10;                         % Y 轮偏心距
r02 = 100;                       % Y 轮基圆半径
rr2 = 5;                         % 滚子半径
derta = 1:1:361;                 % 推程运动角
s02 = sqrt(r02.^2 - e2.^2);
x2 = (s2 + s02).* sin(derta/180 * pi) + e2.* cos(derta/180 * pi);          % 理论轮廓线
y2 = (s2 + s02).* cos(derta/180 * pi) - e2.* sin(derta/180 * pi);
s2(361) = s2(1);
vy(361) = vy(1);
dx2 = (vy - e2).* sin(derta/180 * pi) + (s02 + s2).* cos(derta/180 * pi);      % 实际轮廓线
dy2 = (vy - e2).* cos(derta/180 * pi) - (s02 + s2).* sin(derta/180 * pi);
s12 = dx2./sqrt(dx2.^2 + dy2.^2);
c12 = -dy2./sqrt(dx2.^2 + dy2.^2);
xx2 = x2 - rr2 * c12;
yy2 = y2 - rr2 * s12;

figure; plot(x2,y2)
hold on
plot(xx2,yy2)
plot(0,0,'ro')
axis([-160 160 -160 160]);
axis equal
grid on
legend('理论轮廓','实际轮廓');
title(['有偏置的 Y 方向凸轮轮廓 R = ',num2str(r02),'e = ',num2str(e2),'rr = ',num2str(rr2)]);

% 验算压力角
vx(361) = vx(1);
vy(361) = vy(1);
dx = atan(abs(vx/pi * 180 - e1))./(s1 + s01);
dx = dx * 180/pi;
dy = atan(abs(vy/pi * 180 - e2))./(s2 + s02);
dy = dy * 180/pi;

figure; subplot(211)
plot(dx);
```

```
grid on;
axis([0 360 0 3]);
title(['有偏置 X 方向凸轮压力角(°) R = ',num2str(r01),' e = ',num2str(e1),' rr = ',num2str
(rr)]);
subplot(212)
plot(dy);
grid on;
axis([0 360 0 1]);
title(['有偏置 Y 方向凸轮压力角(°)R = ',num2str(r02),' e = ',num2str(e2),' rr = ',num2str(rr2)]);

%  x 凸轮曲率半径校验 y1(361) = y1(1);
x1(361) = x1(1);
df1 = diff(y1);
df1_ = df1;
df1_(361) = df1_(1);
df12 = diff(df1_);
df2 = diff(x1);
df2_ = df2;
df2_(361) = df2_(1);
df22 = diff(df2_);
dfA = df1./df2;
dfA2 = (df12.*df2 - df22.*df1)./((df2).^3);

RA = abs((1 + dfA.^2).^(3/2)./dfA2);
figure
subplot(211);
plot(RA);
title('A 凸轮曲率半径');
minRA = min(RA)

% y 凸轮曲率半径校验 y2(361) = y2(1);
x2(361) = x2(1);
df3 = diff(y2);
df3_ = df3;
df3_(361) = df3_(1);
df32 = diff(df3_);
df4 = diff(x2);
df4_ = df4;
df4_(361) = df4_(1);
df42 = diff(df4_);
dfB = df3./df4;
dfB2 = (df32.*df4 - df42.*df3)./((df4).^3);

RB = abs((1 + dfB.^2).^(3/2)./dfB2);
subplot(212);
plot(RB);
title('B 凸轮曲率半径');
minRB = min(RB)
```

8. 位移、速度、加速度及跃度曲线

X 方向和 Y 方向凸轮推杆的 SVAJ 图如图 3-19 和图 3-20 所示。

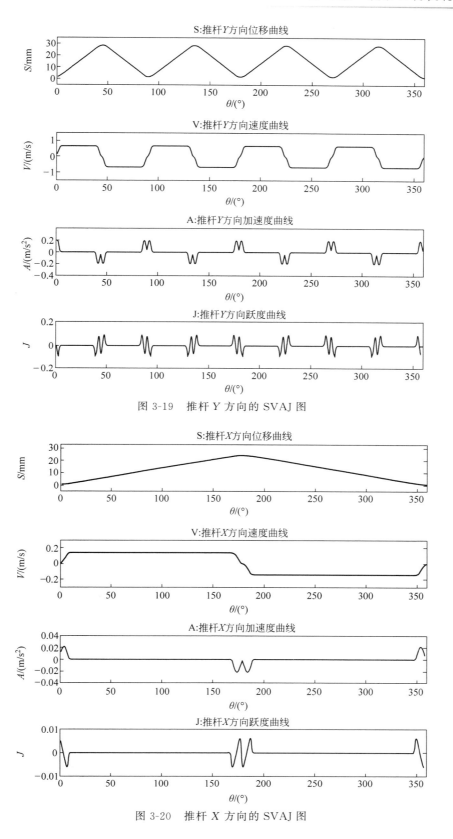

图 3-19 推杆 Y 方向的 SVAJ 图

图 3-20 推杆 X 方向的 SVAJ 图

9. 凸轮的理论轮廓和实际轮廓

X 方向和 Y 方向的凸轮的理论轮廓和实际轮廓如图 3-21 所示。

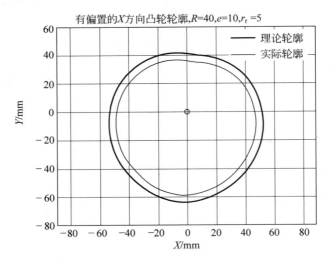

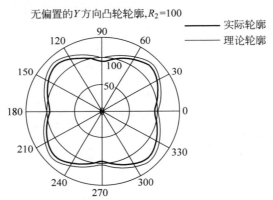

图 3-21　X 方向凸轮和 Y 方向凸轮的理论轮廓和实际轮廓

10. 凸轮曲率半径验算

凸轮全程的曲率半径不应小于滚子半径,因此对凸轮曲率半径进行验算。

先根据经验公式选取滚子半径 r_r,再由最终选定的参数绘制出凸轮的理论轮廓曲线,对理论轮廓线上的曲率半径进行验算,曲率半径计算公式为

$$\rho = \frac{(\dot{x}^2 + \dot{y}^2)^{\frac{3}{2}}}{\dot{x}\ddot{y} - \ddot{x}\dot{y}} \tag{3-22}$$

在 MATLAB 中编程计算后得到:$R_{A,\min} = 30.5273$;$R_{B,\min} = 19.5208$,均大于滚子半径,满足设计需要,因此 $r_0 = 5\text{mm}$ 满足要求。

联动凸轮设计的 MATLAB 源程序可扫左边二维码下载。

第 4 章

连杆-凸轮复合机构设计

4.1 项目任务书

已知连杆-凸轮复合机构的机构简图如图 4-1 所示。要求：

（1）设计连杆-凸轮复合机构，使 C 点的轨迹符合给出的半圆形；

（2）确定连杆机构的长度 l_{AB}、l_{CD}、l_{BC}，画出凸轮从动杆的位移曲线 $s(\delta)$，选择基圆半径 r_0、滚子半径 r_r，画出凸轮的理论轮廓和实际轮廓，并验算压力角。

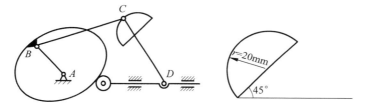

图 4-1　连杆-凸轮复合机构示意图

项目基本任务有以下 6 个方面。

（1）确定连杆机构的长度 l_{AB}、l_{CD}、l_{BC}；

（2）确定凸轮基本参数；

（3）用 MATLAB 设计和画出凸轮机构从动件的 SVAJ 图（位移、速度、加速度、跃度随时间变化的曲线图）；

（4）用 MATLAB 设计和计算压力角；

（5）用 CAD 软件绘制凸轮轮廓；

（6）设计说明书。

4.2 设计轨迹分析

明确项目设计内容，有 3 个要点，分别为半圆弧的半径 R、直径与水平方向夹角 α、轨迹圆心 O 与固定端 A 相对关系。

引入圆弧中心坐标 (x_0, y_0)，以固定端 A 为坐标原点。在 MATLAB 中，设 $(x_0, y_0) = (40, 40)$，$R = 20$，$\alpha = 20°$，如图 4-2 和图 4-3 的情况。根据图形坐标列出设计变量如表 4-1 所示。

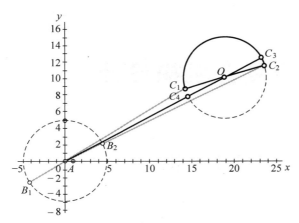

图 4-2   图形坐标系

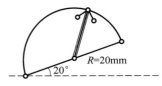

图 4-3   C 点轨迹图

表 4-1   设计变量

序号	名称	说 明	初始赋值
1	AB	l_{AB}	* 18.6040
2	BC	l_{BC}	* 57.9646
3	CD	l_{CD}	70
4	DE	l_{DE}	55
5	x_0/y_0	轨迹圆心的坐标	40/40
6	x_B/y_B	B 的坐标	
7	x_C/y_C	C 的坐标	
8	R	轨迹圆弧的半径	20
9	Alpha	轨迹中直线和水平方向的夹角 α	20°
10	C_1	轨迹的左拐点,直径的左端点,同时也是起点	
11	C_2	轨迹的右拐点,直径的左端点	
12	x_{C_1}/y_{C_1}	OC 最大时,C 的坐标	* 21.2061/33.1596
13	x_{C_2}/y_{C_2}	OC 最小时,C 的坐标	* 58.7939/46.8404
14	Angle_{C_1}	转到 C_1 点时,AB 和 x 轴正方向的夹角	* −122.5996°
15	Angle_{C_2}	转到 C_2 点时,AB 和 x 轴正方向的夹角	* 19.0693°
16	s	滚子的位移量,滚子球心的横坐标	
17	v	滚子的速度	
18	a	滚子的加速度	
19	j	滚子的跃度	
20	Phi	压力角 φ	
21	$x_{\text{Cam}}/y_{\text{Cam}}$	凸轮轮廓线的坐标	
22	x_E/y_E	当滚子和凸轮在 $(x_{\text{Cam}}, y_{\text{Cam}})$ 处相切时,滚子圆心的坐标	
23	theta(n)	θ_n 分别为 AB,BC,AE,ED,DC,EF,AF 和 x 轴正向的正夹角($n=2,3,4\cdots$)	
24	r_0	凸轮基圆半径 r_0	* 15.0001
25	r	滚子半径 r_r	3
26	length	平滑参数,表示进行平滑处理的半径	10

续表

序号	名称	说　明	初始赋值
27	radiusBIG	平滑参数,决定平滑处理后曲线的形状	150
28	phi	压力角 φ	
29	step	分割的步长	1

注:带 * 初值为计算结果。

4.3　连杆机构设计

1. 计算 l_{AB} 和 l_{BC}

如图 4-4 所示,由解析几何可知:

$$l_{AB} = \frac{AC_{\max} - AC_{\min}}{2}, \quad l_{BC} = \frac{AC_{\max} + AC_{\min}}{2}$$

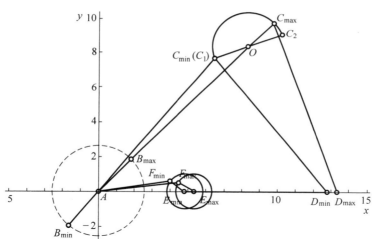

图 4-4　计算 l_{AB} 和 l_{BC}

MATLAB 代码如下所示:

```
%%%%%%参数设置%%%%%%%%%%
x0=100;y0=100;%轨迹圆心位置
R=50;%轨迹圆弧半径
alpha=20;%轨迹直径与水平面的夹角
CD=90%给定线段CD的值
%%%%%%%%计算AB和CD%%%%%%%%%%%
alphaRAD=20/180*pi;%角度化弧度
OA=sqrt(x0^2+y0^2);
xC1=x0-R*cos(alphaRAD);yC1=y0-R*sin(alphaRAD);%轨迹左端点坐标
xC2=x0+R*cos(alphaRAD);yC2=y0+R*sin(alphaRAD);%轨迹右端点坐标
if(atan(y0/x0)>alphaRAD)%判断轨迹的最远点和最近点
    ACmax=OA+R;
    ACmin=sqrt(xC1)^2+(yC1)^2);
```

```
else
    ACmax=sqrt(xC2)^2+(yC2)^2);
    ACmin=OA-R;
end
AB=(ACmax-ACmin)/2;BC=(ACmax+ACmin)/2;%计算AB和BC的长
fprintf('AB=%.6f, BC=%.6f', AB,BC)
```

输出结果为：$AB=18.603954, BC=57.964589$。

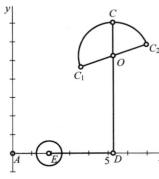

图 4-5　预设 CD、DE 的长度

2. 预设 $l_{CD} = 180\text{mm}, l_{DE} = 160\text{mm}$

第一，组成四连杆机构，要满足：$l_{CD} \geqslant y_0 + R$，如图 4-5 所示，能够达到半圆的最高点，为了避免卡住，本题中 l_{CD} 应大于 60mm。

第二，考虑曲柄连杆机构的杆长条件，由于连杆 $S+L < Q+P$ 的限制，$AE+AC_{\max} < ED+CD$，$AE \geqslant r_0 + r_r$，并且滚子半径应为基圆半径的 $0.1 \sim 0.3$，所以 DE 不能过长，在本题中应小于 60mm；且 $CD < OC_{\max}$，CD 不应取太大。

第三，为了防止自锁，如图 4-5 所示，ED 应设置大一些。

4.4　凸轮轮廓设计

1. 工作点 C 的轨迹数学方程（方向：逆时针）

起点：C_1。
直线 $\overrightarrow{C_1C_2}$ 的表达式为

$$(y - y_0) = \tan\alpha(x - x_0) \tag{4-1}$$

圆弧 $\overset{\frown}{C_2C_1}$ 的表达式为

$$(x - x_0)^2 + (y - y_0)^2 = R^2 \tag{4-2}$$

2. 用凸轮转动的角度 θ 表示工作点 C 的轨迹方程

1）直线部分
如图 4-6 所示，

$$\overrightarrow{OC} = x + \mathrm{j}y = R_2 + R_3 = l_{AB}\mathrm{e}^{\mathrm{j}\theta_2} + l_{BC}\mathrm{e}^{\mathrm{j}\theta_3} = l_{AB}\mathrm{e}^{\mathrm{j}(\theta + \angle C_1AE)} + l_{BC}\mathrm{e}^{\mathrm{j}\theta_3} \tag{4-3}$$

拆分实部和虚部

$$\text{实部：} x = l_{AB}\cos\theta_2 + l_{BC}\cos\theta_3 \tag{4-4}$$

$$\text{虚部：} y = l_{AB}\sin\theta_2 + l_{BC}\sin\theta_3 \tag{4-5}$$

将拆分后的式(4-4)、式(4-5)和工作点 C 的轨迹方程式(4-1)联立，即可解直线 $\overrightarrow{C_1C_2}$ 的方程：

$$\theta_3 = \arcsin\left[\frac{l_{AB}(\tan\alpha\cos\theta_2 - \sin\theta_2) - x_0\tan\alpha + y_0}{l_{BC}} \times \cos\alpha\right] + \alpha \tag{4-6}$$

定义域为 $\theta_{C_1} < \theta < \theta_{C_2}$。

将 θ_3 代回式(4-4)和式(4-5)，即可得到 C 在直线 $\overrightarrow{C_1C_2}$ 上的运动轨迹。

2）圆弧部分

如图 4-7 所示，令 $\overrightarrow{OC} = \overrightarrow{OA} + \overrightarrow{AC} = x_0 + \mathrm{j}y_0 + R\mathrm{e}^{\mathrm{j}\beta} = \boldsymbol{R}_2 + \boldsymbol{R}_3$。

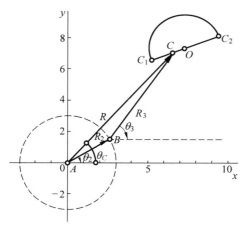

图 4-6　根据 θ 求 C 点在直线上的轨迹　　　图 4-7　根据 θ 求 C 点在圆弧上的轨迹

拆分实部和虚部。

$$实部：x_0 + R \cdot \cos\beta = l_{AB}\cos\theta_2 + l_{BC}\cos\theta_3 \tag{4-7}$$

$$虚部：y_0 + R \cdot \sin\beta = l_{AB}\sin\theta_2 + l_{BC}\sin\theta_3 \tag{4-8}$$

联立式(4-7)和式(4-8)可得式(4-9)式(4-10)。

当 $\theta_{C_2} < \theta < \arctan\left(\dfrac{y_0}{x_0}\right)$，即从 C_2 出发到达 $C_{\max}$ 之前，

$$\theta_3 = \arcsin\left[\frac{l_{BC}^2 + (l_{AB}\cos\theta_2 - x_0)^2 + (l_{AB}\sin\theta_2 - y_0)^2 - R^2}{2l_{BC}\sqrt{(l_{AB}\cos\theta_2 - x_0)^2 + (l_{AB}\sin\theta_2 - y_0)^2}}\right] - \arctan\left(\frac{l_{AB}\cos\theta_2 - x_0}{l_{AB}\sin\theta_2 - y_0}\right)$$

$$\tag{4-9}$$

当 $\arctan\left(\dfrac{y_0}{x_0}\right) \leqslant \theta < \theta_{C_1}$，即到达 $C_{\max}$ 之后向 C_1 运动，

$$\theta_3 = \arcsin\left[-\frac{l_{BC}^2 + (l_{AB}\cos\theta_2 - x_0)^2 + (l_{AB}\sin\theta_2 - y_0)^2 - R^2}{2l_{BC}\sqrt{(l_{AB}\cos\theta_2 - x_0)^2 + (l_{AB}\sin\theta_2 - y_0)^2}}\right] - \arctan\left(\frac{l_{AB}\cos\theta_2 - x_0}{l_{AB}\sin\theta_2 - y_0}\right) + \pi$$

$$\tag{4-10}$$

将 θ_3 代入式(4-7)和式(4-8)，即可得到 C 在圆弧 C_2C_1 上的运动轨迹。MATLAB 程序如下所示：

```
%%%%%%%%%%工作点轨迹设计%%%%%%%%%%
step=0.25;%分割的步长
theta2DEG=angleC1_DEG:step:angleC1_DEG+360;%AB杆和水平的夹角
theta2RAD=theta2DEG/180*p1;%角度化弧度
size=size(theta2RAD);%测量矩阵的长度
theta3RAD=zeros(1,size(2));%初始化矩阵，BC杆和水平的夹角
xB=AB*cos(theta2RAD);yB=AB*sin(theta2RAD);%点B位置
```

```
|for i=1:size(2)%计算theta3
    if theta2RAD(i)<angleC2_RAD%判断C点在线段还是在圆弧上
theta3RAD(i)=asin((AB*(tan(alphaRAD)*cos(theta2RAD(i))-sin(theta2RAD(i)))-x0*tan(alphaRAD)+y0)/BC*cos(alphaRAD))+
alphaRAD;%计算theta3（直线段）
    else
        temp1=AB*cos(theta2RAD(i))-x0;temp2=AB*sin(theta2RAD(i))-y0;%方便计算用的临时变量
        if theta2RAD(i)<atan(y0/x0)%计算theta3（圆弧段）
            theta3RAD(i)=asin((BC^2+temp1^2+temp2^2-R^2)/2/BC/sqrt(temp1^2+temp2^2))-abs(atan(temp1/temp2));
        else
            theta3RAD(i)=asin(-(BC^2+temp1^2+temp2^2-R^2)/2/BC/sqrt(temp1^2+temp2^2))-abs(atan(temp1/temp2))+pi;
        end
    end
end
xC=xB+BC*cos(theta3RAD);yC=yB+BC*sin(theta3RAD);%C点的位置
```

3）确定 C_1, C_2 端点

当 $\alpha < \arctan\left(\dfrac{y_0}{x_0}\right)$ 时，

$$\theta_{C_1} = \arctan\left(\frac{y_{C_1}}{y_{C_2}}\right) - \pi \tag{4-11}$$

将 C_2 点代入式（4-4）和式（4-5）中，求得 θ_{C_2}：

$$\theta_{C_2} = \arcsin\left(\frac{x_{C_2}^2 + y_{C_2}^2 + l_{AB}^2 - l_{BC}^2}{2l_{AB}\sqrt{x_{C_2}^2 + y_{C_2}^2}}\right) - \arctan\left(\frac{x_{C_2}}{y_{C_2}}\right) \tag{4-12}$$

3. 求滚子的位移

如图 4-8 所示，根据 C 点轨迹求 D 点轨迹。

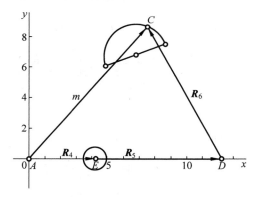

图 4-8　根据 C 点轨迹求 D 点轨迹

$$\overrightarrow{OC} = x + \mathrm{j}y = \boldsymbol{R}_4 + \boldsymbol{R}_5 + \boldsymbol{R}_6 = l_{AE}\mathrm{e}^{\mathrm{j}\theta_4} + l_{DE}\mathrm{e}^{\mathrm{j}\theta_5} + l_{CD}\mathrm{e}^{\mathrm{j}\theta_6}$$

拆分实部和虚部。

实部：$x = l_{CD}\cos\theta_6 + l_{DE}\cos\theta_5 + l_{AE}\cos\theta_4 = l_{CD}\cos\theta_6 + l_{DE} + l_{AE}$ \hfill (4-13)

虚部：$y = l_{CD}\sin\theta_6 + l_{DE}\sin\theta_5 + l_{AE}\sin\theta_4 = l_{CD}\sin\theta_6$ \hfill (4-14)

联立式（4-13）和式（4-14）可得

$$(l_{DE} + l_{AE} - x)^2 = l_{CD}^2 - y^2 \tag{4-15}$$

由题意可知,同时也为避免自锁,点 E 位于轨迹的右边,即 $l_{DE}+l_{AE}-x>0$,可得

$$s(\delta)=l_{AE}=\sqrt{l_{CD}^2-y^2}-l_{DE}+x \tag{4-16}$$

4. 滚子的 SVAJ 图及平滑处理

1) 原始 SVAJ 曲线

通过 diff 函数可得未经平滑处理的 SVAJ 图像,MATLAB 代码如下所示:

```
%%%%%%%%%%%%%% 初步 SVAJ %%%%%%%%%%
thetaDEG = theta2DEG − angleC1_DEG; % 将横坐标的偏量纠正,以凸轮转动的角度(即 0)作为起点
thetaRAD = theta2RAD − angleC1_RAD;
s = sqrt(CD^2 − yC.^2) + xC − DE;        % 计算 s
v = diff(s);
v = [s(size(2)) − s(1) v];              % 补全微分项,使数组长度一致
a = diff(v);
a = [v(size(2)) − v(1) a ];
j = diff(a);
j = [a(size(2)) − a(1) j];
figure(1)
subplot(2,2,1);plot(thetaDEG,s);title('位移');
subplot(2,2,2);plot(thetaDEG,v);title('速度');
subplot(2,2,3);plot(thetaDEG,a);title('加速度');
subplot(2,2,4);plot(thetaDEG,j);title('跃度');
```

计算得出的初始 SVAJ 曲线如图 4-9 所示。

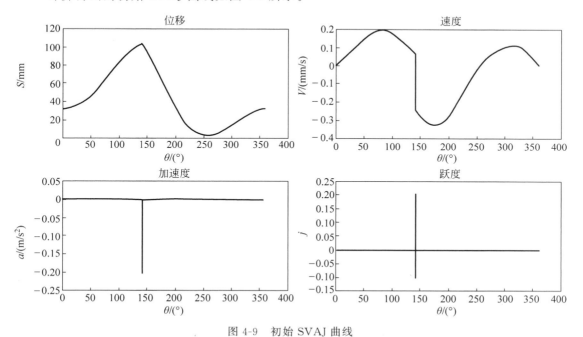

图 4-9　初始 SVAJ 曲线

2) SVAJ 曲线平滑处理方法

从图 4-9 可以看出位移、速度、加速度、跃度在拐角处(C_1 和 C_2 点)均有突变,因此用 3 个相切的圆调整突变段的位移,如图 4-10 所示。

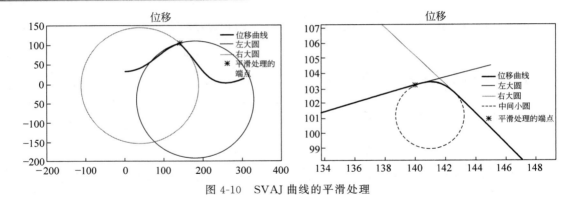

图 4-10　SVAJ 曲线的平滑处理

MATLAB 代码如下所示：

```
%%%%%%%%%%%%%%平滑SVAJ%%%%%%%%%%
posC1=0;posC2=round((angleC2_DEG-angleC1_DEG))/step+1;%找到突变点的位置
length=8;%平滑参数，划定进行平滑处理的范围
smoothC2_START=posC2-length;smoothC2_END=posC2+length;
%方便运算，临时取一些变量，开始点和结束点的坐标x、y及一次倒数k
k1=v(smoothC2_START)/step;k2=v(smoothC2_END)/step;
x1=thetaDEG(smoothC2_START);x2=thetaDEG(smoothC2_END);
y1=s(smoothC2_START);y2=s(smoothC2_END);
%用三个相切的圆，先计算左右两个圆的曲线方程
radiusBIG=150;%先给定大圆的半径
smooth_r1=radiusBIG;smooth_r2=radiusBIG;
center1_x=x1+k1/sqrt(k1^2+1)*smooth_r1;
center1_y=y1-1/sqrt(k1^2+1)*smooth_r1;
center2_x=x2+k2/sqrt(k2^2+1)*smooth_r2;
center2_y=y2-1/sqrt(k2^2+1)*smooth_r2;
%计算中间小圆的曲线方程
centerLINE_k=-1/((center1_y-center2_y)/(center1_x-center2_x));
centerLINE_x=(center1_x+center2_x)/2;
centerLINE_y=(center1_y+center2_y)/2;
center3_x=thetaDEG(posC2-length/2);
center3_y=centerLINE_k*(center3_x-centerLINE_x)+centerLINE_y;
smooth_r3=-sqrt( (center1_x-center3_x)^2+(center1_y-center3_y)^2 )+smooth_r1;
%计算过渡点
meet1_k=(center1_y-center3_y)/(center1_x-center3_x);
meet2_k=(center2_y-center3_y)/(center2_x-center3_x);
meet1_x=center1_x-1/sqrt(meet1_k^2+1)*smooth_r1;%过渡点1（大圆1和小圆3的切点）
meet2_x=center2_x+1/sqrt(meet2_k^2+1)*smooth_r2;%过渡点2（小圆3和大圆2的切点）
    %计算过渡点
    meet1_k=(center1_y-center3_y)/(center1_x-center3_x);
    meet2_k=(center2_y-center3_y)/(center2_x-center3_x);
    meet1_x=center1_x-1/sqrt(meet1_k^2+1)*smooth_r1;%过渡点1（大圆1和小圆3的切点）
    meet2_x=center2_x+1/sqrt(meet2_k^2+1)*smooth_r2;%过渡点2（小圆3和大圆2的切点）
for i=smoothC2_START:smoothC2_END%计算平滑圆弧，并给s重新赋值
    if thetaDEG(i)<meet1_x
        s(i)=+sqrt(smooth_r1^2-(thetaDEG(i)-center1_x)^2)+center1_y;
    elseif thetaDEG(i)<meet2_x
        s(i)=sqrt(smooth_r3^2-(thetaDEG(i)-center3_x)^2)+center3_y;
    else
        s(i)=+sqrt(smooth_r2^2-(thetaDEG(i)-center2_x)^2)+center2_y;
    end
end
%重新微分，计算平滑后的SVAJ图
v=diff(s);
v=[s(size(2))-s(1) v];
a=diff(v);
a=[v(size(2))-v(1) a ];
j=diff(a);
j=[a(size(2))-a(1) j];
```

3）平滑处理的结果与对比

从计算结果可以看到加速度的幅值减少到之前的 0.04794/0.2061＝0.2326，跃度的幅值减少到之前的 0.04351/0.2050＝0.2122，接近 1/5，运动和动力性能有大幅改善。

5. 滚子凸轮实际轮廓曲线的计算

1）计算凸轮包络线

基圆半径为 $s_{\min}$，通过 MATLAB 函数 min(s) 可求出，在本题初值条件下为 15.0001。

由图 4-11 可知：

$$\boldsymbol{R}_8 = x + \mathrm{j}y = \boldsymbol{R}_4 + \boldsymbol{R}_7 = l_{AE}\mathrm{e}^{\mathrm{j}\theta_4} + r_{\mathrm{r}}\mathrm{e}^{\mathrm{j}\theta_7} \tag{4-17}$$

其中

$$\theta_7 = 180° + \arctan\left(\frac{\mathrm{d}x/\mathrm{d}\theta}{\mathrm{d}y/\mathrm{d}\theta}\right) \tag{4-18}$$

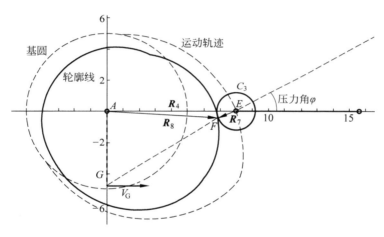

图 4-11　滚子凸轮实际轮廓曲线的计算

根据滚子凸轮的计算公式，结合式(4-18)拆分式(4-17)的实部和虚部：

$$\text{实部：} x = l_{AE}\cos\theta_4 + r_{\mathrm{r}}\cos\theta_7 = x_E - \frac{r_{\mathrm{r}}\dfrac{\mathrm{d}y_E}{\mathrm{d}\theta}}{\sqrt{\dfrac{\mathrm{d}x_E^2}{\mathrm{d}\theta} + \dfrac{\mathrm{d}y_E^2}{\mathrm{d}\theta}}} \tag{4-19}$$

$$\text{虚部：} y = l_{AE}\sin\theta_4 + r_{\mathrm{r}}\sin\theta_7 = y_E + \frac{r_{\mathrm{r}}\dfrac{\mathrm{d}x_E}{\mathrm{d}\theta}}{\sqrt{\dfrac{\mathrm{d}x_E^2}{\mathrm{d}\theta} + \dfrac{\mathrm{d}y_E^2}{\mathrm{d}\theta}}} \tag{4-20}$$

其中，$x_E = s \cdot \cos\theta$，$y_E = s \cdot \sin\theta$。

MATLAB 代码如下：

```
%%%%%%%%%%%%%%%%%%凸轮包络线计算%%%%%%%%%%%%%%%%
r0=min(s);%计算基圆半径
xE=s.*cos(thetaRAD);yE=s.*sin(thetaRAD);
```

```
xE_diff=[xE(size(2))-xE(1) diff(xE)];
yE_diff=[yE(size(2))-yE(1) diff(yE)];
xCam=xE-r*yE_diff./sqrt(xE_diff.^2+yE_diff.^2);
yCam=yE+r*xE_diff./sqrt(xE_diff.^2+yE_diff.^2);
xCam=[xCam(2:size(2)) xCam(2:3)];
yCam=[yCam(2:size(2)) yCam(2:3)];
```

凸轮理论轮廓线和滚子运动轨迹如图 4-12 所示。

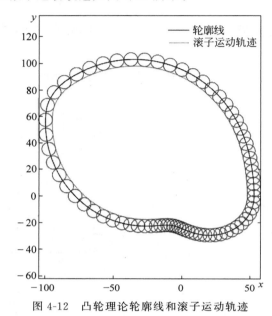

图 4-12　凸轮理论轮廓线和滚子运动轨迹

2）压力角校核

如图 4-11 所示，F 为滚子和凸轮的接触点，G 点为瞬心，F 在 GE 上。

G 点的速度 v_G 朝水平方向，和 E 点一致，因此

$$\frac{\mathrm{d}s}{\mathrm{d}t} = v_G = l_{AG}\omega \tag{4-21}$$

$$\Rightarrow \frac{\mathrm{d}s}{\mathrm{d}t} = \frac{\mathrm{d}s \cdot \mathrm{d}\theta}{\mathrm{d}\theta \cdot \mathrm{d}t} = \frac{\mathrm{d}s}{\mathrm{d}\theta}\omega = v\omega$$

$$\Rightarrow l_{AG}\omega = v\omega$$

$$\Rightarrow l_{AG} = v \tag{4-22}$$

由此得压力角公式

$$\varphi = \arctan\left(\frac{v}{s}\right) \tag{4-23}$$

输出图像如图 4-13 所示。

由图 4-13 的结果可知，凸轮旋转 360° 过程中压力角均小于 35°，符合工程标准。

6. 仿真动画绘制

为了更直观地表现连杆凸轮复合机构的运动过程，下面给出机构的仿真动画绘制方法。

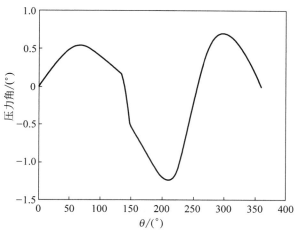

图 4-13　凸轮压力角

MATLAB 代码如下所示：

```
%%%%%%%%%%%%运动仿真%%%%%%%%%%%%%%%%
Camx=zeros(size(2),size(2)+1);Camy=zeros(size(2),size(2)+1);%初始化矩阵
rCam=sqrt(xCam.^2+yCam.^2);
for cnt=1:size(2)%用极坐标方程计算
    Camx(cnt,:)=rCam.*cos(angle(xCam+yCam*i)-2*pi/size(2)*cnt+pi);
    Camy(cnt,:)=rCam.*sin(angle(xCam+yCam*i)-2*pi/size(2)*cnt+pi);
end

%图像输出
figure(5)
for cnt=1:size(2)
    hold off
    plot(xC,yC,'--')%轨迹
    hold on
    fill(s(cnt)+r*cos(0:0.01:2*pi),r*sin(0:0.01:2*pi),'b')%滚子
    fill(-Camx(cnt,:),Camy(cnt,:),'r');%凸轮
    plot([0 xB(cnt)],[0 yB(cnt)],'-b','LineWidth',1)%AB杆
    plot([xC(cnt) xB(cnt)],[yC(cnt) yB(cnt)],'-g','LineWidth',1)%BC杆
    plot([xC(cnt) s(cnt)+DE],[yC(cnt) 0],'-g','LineWidth',1)%CD杆
    plot([s(cnt) s(cnt)+DE],[0 0],'-b','LineWidth',1)%DE杆
    plot(0,0,'*y',s(cnt),0,'*y');%转动中心和滚子圆形
    axis equal
    axis ([-150,300,-150,200])
    pause(0.001)
end
```

连杆-凸轮复合机构的仿真动画如图 4-14 所示。

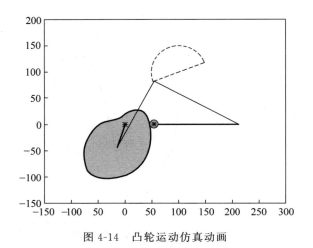

图 4-14　凸轮运动仿真动画

4.5　MATLAB 程序实现

```
clear
clc
%%%%% 参数设置 %%%%%%%%%%
x0 = 40;y0 = 40;                                          % 轨迹圆心位置
R = 20;                                                  % 轨迹圆弧半径
alpha = 60;                                              % 轨迹直径与水平面的夹角
CD = 70;                                                 % 给定线段 CD 的值 y0 + R
DE = 60;                                                 % DE 应设计略大一些,防止自锁,
                                                          但不能太大使凸轮基圆过小

r = 3;                                                    % 滚子半径
step = 1;                                                 % 分割的步长
%%%%%%%% 计算 AB 和 CD %%%%%%%%%%%
alphaRAD = alpha/180 * pi;                                % 角度化弧度
OA = sqrt(x0^2 + y0^2);
xC1 = x0 - R * cos(alphaRAD);yC1 = y0 - R * sin(alphaRAD);  % 轨迹左端点坐标
xC2 = x0 + R * cos(alphaRAD);yC2 = y0 + R * sin(alphaRAD);  % 轨迹右端点坐标
if(atan(y0/x0)> alphaRAD)                                 % 判断轨迹的最远点和最近点
    ACmax = OA + R;
    ACmin = sqrt((xC1)^2 + (yC1)^2);
    AB = (ACmax - ACmin)/2;BC = (ACmax + ACmin)/2;        % 计算 AB 和 BC 的长
    angleC1_RAD = atan(yC1/xC1) - pi;                     % 以 C1 点为起点,电机转动 0°时,
                                                          此时 AB 和 BC 重合,AB 与水平方
                                                          向夹角为 angleC1,即∠C1Ax

    angleC2_RAD = asin((xC2^2 + yC2^2 + AB^2 - BC^2)/2/AB/sqrt(xC2^2 + yC2^2)) -
atan(xC2/yC2);
                                                          % 工作点 C 到达 C2 时,AB 与水平方
                                                          向夹角为 angleC2,即∠C2Ax
else
    ACmax = sqrt((xC2)^2 + (yC2)^2);
```

```
        ACmin = OA − R;
        AB = (ACmax − ACmin)/2;BC = (ACmax + ACmin)/2;    % 计算 AB 和 BC 的长
        angleC1_RAD = asin((xC1^2 + yC1^2 + AB^2 − BC^2)/2/AB/sqrt(xC1^2 + yC1^2)) −
    atan(xC1/yC1);                                     % 以 C1 点为起点,电机转动 0°时,AB 与水平方向
                                                          夹角为 angleC1,即∠C1Ax

        angleC2_RAD = atan(yC2/xC2);                   % 电机转动到另一个端点 C2 时,AB 和 BC 在一
                                                          条直线上,AB 与水平方向夹角为 angleC2,
                                                          即∠C2Ax
    end
    angleC1_DEG = angleC1_RAD/pi * 180;                % 角度化弧度
    angleC2_DEG = angleC2_RAD/pi * 180;
    fprintf('AB = %.6f,BC = %.6f',AB,BC)
    %%%%%%%%%% 工作点轨迹设计 %%%%%%%%%%
    theta2DEG = angleC1_DEG:step:angleC1_DEG + 360;    % AB 杆和水平的夹角
    theta2RAD = theta2DEG/180 * pi;                    % 角度化弧度
    size = size(theta2RAD);                            % 测量矩阵的长度
    theta3RAD = zeros(1,size(2));                      % 初始化矩阵
    xB = AB * cos(theta2RAD);yB = AB * sin(theta2RAD); % 点 B 位置
    if(atan(y0/x0)> alphaRAD)
        for cnt = 1:size(2) % 计算 theta3
            if theta2RAD(cnt)< angleC2_RAD             % 判断 C 点在线段还是在圆弧上
                theta3RAD(cnt) = asin((AB * (tan(alphaRAD) * cos(theta2RAD(cnt)) −
    sin(theta2RAD(cnt))) − x0 * tan(alphaRAD) + y0)/BC * cos(alphaRAD)) + alphaRAD;
                                                       % 计算 theta3(直线)
            else
                temp1 = AB * cos(theta2RAD(cnt)) − x0;temp2 = AB * sin(theta2RAD(cnt)) − y0;
                                                       % 方便计算用的临时变量
                if theta2RAD(cnt)< atan(y0/x0)         % 计算 theta3(圆弧段)


                    theta3RAD(cnt) = asin((BC^2 + temp1^2 + temp2^2 − R^2)/2/BC/sqrt(temp1^2 +
    temp2^2)) − abs(atan(temp1/temp2));
                else
                    theta3RAD(cnt) = asin( − (BC^2 + temp1^2 + temp2^2 − R^2)/2/BC/sqrt(temp1^2 +
    temp2^2)) − abs(atan(temp1/temp2)) + pi;
                end
            end
        end
    else
        for cnt = 1:size(2) % 计算 theta3
            if theta2RAD(cnt)< angleC2_RAD             % 判断 C 点在线段还是在圆弧上
                theta3RAD(cnt) = asin((AB * (tan(alphaRAD) * cos(theta2RAD(cnt)) −
    sin(theta2RAD(cnt))) − x0 * tan(alphaRAD) + y0)/BC * cos(alphaRAD)) + alphaRAD;
                                                       % 计算 theta3(直线)
            else
                temp1 = AB * cos(theta2RAD(cnt)) − x0;temp2 = AB * sin(theta2RAD(cnt)) − y0;
                                                       % 方便计算用的临时变量
                if theta2RAD(cnt)< atan(y0/x0) + pi    % 计算 theta3(圆弧段)
                    theta3RAD(cnt) = − asin((BC^2 + temp1^2 + temp2^2 − R^2)/2/BC/sqrt(temp1^2 +
```

```
temp2^2)) − abs(atan(temp1/temp2)) + pi;
            else
                theta3RAD(cnt) = − asin( − (BC^2 + temp1^2 + temp2^2 − R^2)/2/BC/sqrt(temp1^2 +
temp2^2)) − abs(atan(temp1/temp2));
            end
        end
    end
end
xC = xB + BC * cos(theta3RAD); yC = yB + BC * sin(theta3RAD);    % C 点的位置
clear temp1 temp2
%%%%%%%%%%%% 初步 SVAJ %%%%%%%%%%
thetaDEG = theta2DEG − angleC1_DEG;                              % 将横坐标的偏量纠正,以电机转动
                                                                  的角度(即 0°)作为起点
thetaRAD = theta2RAD − angleC1_RAD;
s = sqrt(CD^2 − yC.^2) + xC − DE;                               % 计算 s
v = diff(s);
v = [s(size(2)) − s(1) v];                                      % 补全微分项,使数组长度一致
a = diff(v);
a = [v(size(2)) − v(1) a];
j = diff(a);
j = [a(size(2)) − a(1) j];
figure(1)
subplot(2,2,1); plot(thetaDEG,s); title('位移');
subplot(2,2,2); plot(thetaDEG,v); title('速度');
subplot(2,2,3); plot(thetaDEG,a); title('加速度');
subplot(2,2,4); plot(thetaDEG,j); title('跃度');
% pause(8);
% close all
%%%%%%%%%%%% 平滑 SVAJ %%%%%%%%%%
posC1 = 0; posC2 = round((angleC2_DEG − angleC1_DEG))/step + 1;      % 找到突变点的位置
length = 9;                                                      % 平滑参数,划定进行平滑处理的范围

move = 50;                                                      % 平滑参数,划定进行平滑处理的范围
smoothC2_START = posC2 − length; smoothC2_END = posC2 + length;   % 进行平滑处理的左右端点
%%%%%%%%%%%%%%%%%%%%%%%%%%%%%%%%%%%%%%%%% C2 点平滑处理
k1 = v(smoothC2_START)/step; k2 = v(smoothC2_END)/step;
x1 = thetaDEG(smoothC2_START); x2 = thetaDEG(smoothC2_END);
y1 = s(smoothC2_START); y2 = s(smoothC2_END);
if atan(y0/x0) > alphaRAD
    % 计算左右两个半径相等的圆的曲线方程
    radiusBIG = 150;                                            % 先给定大圆的半径
    smooth_r1 = radiusBIG; smooth_r2 = radiusBIG;
    center1_x = x1 + k1/sqrt(k1^2 + 1) * smooth_r1;
    center1_y = y1 − 1/sqrt(k1^2 + 1) * smooth_r1;
    center2_x = x2 + k2/sqrt(k2^2 + 1) * smooth_r2;
    center2_y = y2 − 1/sqrt(k2^2 + 1) * smooth_r2;
    % 计算中间小圆的曲线方程
    centerLINE_k = − 1/((center1_y − center2_y)/(center1_x − center2_x));
    centerLINE_x = (center1_x + center2_x)/2;
```

```
        centerLINE_y = (center1_y + center2_y)/2;
        center3_x = thetaDEG(posC2 - round(length/2));
        center3_y = centerLINE_k * (center3_x - centerLINE_x) + centerLINE_y;
        smooth_r3 = - sqrt( (center1_x - center3_x)^2 + (center1_y - center3_y)^2 ) + smooth_r1;
        % 计算过渡点
        meet1_k = (center1_y - center3_y)/(center1_x - center3_x);
        meet2_k = (center2_y - center3_y)/(center2_x - center3_x);
        meet1_x = center1_x - 1/sqrt(meet1_k^2 + 1) * smooth_r1; % 过渡点 1(大圆 1 和小圆 3 的切点)
        meet2_x = center2_x + 1/sqrt(meet2_k^2 + 1) * smooth_r2; % 过渡点 2(小圆 3 和大圆 2 的切点)
        for cnt = smoothC2_START:smoothC2_END            % 计算平滑圆弧,并给 S 重新赋值
            if thetaDEG(cnt) < meet1_x
                s(cnt) = + sqrt(smooth_r1^2 - (thetaDEG(cnt) - center1_x)^2) + center1_y;
            elseif thetaDEG(cnt) < meet2_x
                s(cnt) = sqrt(smooth_r3^2 - (thetaDEG(cnt) - center3_x)^2) + center3_y;
            else
                s(cnt) = + sqrt(smooth_r2^2 - (thetaDEG(cnt) - center2_x)^2) + center2_y;
            end
        end
elseif atan(y0/x0) = = alphaRAD
        radiusBIG = 150;                                 % 先给定大圆的半径
        smooth_r1 = radiusBIG; smooth_r2 = radiusBIG;
        center1_x = x1 + k1/sqrt(k1^2 + 1) * smooth_r1;
        center1_y = y1 - 1/sqrt(k1^2 + 1) * smooth_r1;
        center2_x = x2 + k2/sqrt(k2^2 + 1) * smooth_r2;
        center2_y = y2 - 1/sqrt(k2^2 + 1) * smooth_r2;
        centerLINE_k = - 1/((center1_y - center2_y)/(center1_x - center2_x));
        centerLINE_x = (center1_x + center2_x)/2;
        centerLINE_y = (center1_y + center2_y)/2;
        center3_x = thetaDEG(posC2 - round(length/2));
        center3_y = centerLINE_k * (center3_x - centerLINE_x) + centerLINE_y;
        smooth_r3 = - sqrt( (center1_x - center3_x)^2 + (center1_y - center3_y)^2 ) + smooth_r1;
        meet1_k = (center1_y - center3_y)/(center1_x - center3_x);
        meet2_k = (center2_y - center3_y)/(center2_x - center3_x);
        meet1_x = center1_x + 1/sqrt(meet1_k^2 + 1) * smooth_r1;  % 过渡点 1(大圆 1 和小圆 3 的切点)
        meet2_x = center2_x + 1/sqrt(meet2_k^2 + 1) * smooth_r2;  % 过渡点 2(小圆 3 和大圆 2 的切点)
        for cnt = smoothC2_START:smoothC2_END                % 计算平滑圆弧,并给 S 重新赋值
            if thetaDEG(cnt) < meet1_x
                s(cnt) = + sqrt(smooth_r1^2 - (thetaDEG(cnt) - center1_x)^2) + center1_y;
            elseif thetaDEG(cnt) < meet2_x
                s(cnt) = sqrt(smooth_r3^2 - (thetaDEG(cnt) - center3_x)^2) + center3_y;
            else
                s(cnt) = + sqrt(smooth_r2^2 - (thetaDEG(cnt) - center2_x)^2) + center2_y;
            end
        end
else
        radiusBIG = 180;                                 % 先给定大圆的半径
        smooth_r1 = radiusBIG; smooth_r2 = radiusBIG;
        center1_x = x1 + k1/sqrt(k1^2 + 1) * smooth_r1;
```

```matlab
        center1_y = y1 - 1/sqrt(k1^2 + 1) * smooth_r1;
        center2_x = x2 + k2/sqrt(k2^2 + 1) * smooth_r2;
        center2_y = y2 - 1/sqrt(k2^2 + 1) * smooth_r2;
        centerLINE_k = - 1/((center1_y - center2_y)/(center1_x - center2_x));
        centerLINE_x = (center1_x + center2_x)/2;
        centerLINE_y = (center1_y + center2_y)/2;
        center3_x = thetaDEG(posC2 - round(length/4));
        center3_y = centerLINE_k * (center3_x - centerLINE_x) + centerLINE_y;
        smooth_r3 = - sqrt( (center1_x - center3_x)^2 + (center1_y - center3_y)^2 ) + smooth_r1;
        meet1_k = (center1_y - center3_y)/(center1_x - center3_x);
        meet2_k = (center2_y - center3_y)/(center2_x - center3_x);
        meet1_x = center1_x + 1/sqrt(meet1_k^2 + 1) * smooth_r1;    % 过渡点1(大圆1和小圆3的切点)
        meet2_x = center2_x + 1/sqrt(meet2_k^2 + 1) * smooth_r2;    % 过渡点2(小圆3和大圆2的切点)
        for cnt = smoothC2_START:smoothC2_END                      % 计算平滑圆弧,并给S重新赋值
            if thetaDEG(cnt)< meet1_x
                s(cnt) = + sqrt(smooth_r1^2 - (thetaDEG(cnt) - center1_x)^2) + center1_y;
            elseif thetaDEG(cnt)< meet2_x||cnt < posC1 - length
                s(cnt) = sqrt(smooth_r3^2 - (thetaDEG(cnt) - center3_x)^2) + center3_y;
            else
                s(cnt) = + sqrt(smooth_r2^2 - (thetaDEG(cnt) - center2_x)^2) + center2_y;
            end
        end
    end
end
%  %%%%%%%%%%%%%%%%%%%%%%%%%%%%%%%%%%%%%%%% C1 点平滑处理
v = diff(s);v = [s(size(2)) - s(1) v];
s = [s((size(2) - move):size(2)) s(2:(size(2) - move))];    % 为方便计算位于起点的 C1 点,将整
                                                              个矩阵平移
v = [v((size(2) - move):size(2)) v(2:(size(2) - move))];
posC1 = 1 + move;% 找到突变点的位置
smoothC1_START = + posC1 - length;smoothC1_END = posC1 + length;% 进行平滑处理的 C1 处左右
                                                                  端点
k1 = v(smoothC1_START)/step;k2 = v(smoothC1_END)/step;
x1 = thetaDEG(smoothC1_START);x2 = thetaDEG(smoothC1_END);
y1 = s(smoothC1_START);y2 = s(smoothC1_END);
if atan(y0/x0)> alphaRAD
    radiusBIG = 150;                        % 先给定大圆的半径
    smooth_r1 = radiusBIG;smooth_r2 = radiusBIG;
    center1_x = x1 + k1/sqrt(k1^2 + 1) * smooth_r1;
    center1_y = y1 - 1/sqrt(k1^2 + 1) * smooth_r1;
    center2_x = x2 + k2/sqrt(k2^2 + 1) * smooth_r2;
    center2_y = y2 - 1/sqrt(k2^2 + 1) * smooth_r2;
    centerLINE_k = - 1/((center1_y - center2_y)/(center1_x - center2_x));
    centerLINE_x = (center1_x + center2_x)/2;
    centerLINE_y = (center1_y + center2_y)/2;
    center3_x = thetaDEG(posC1 - length * 2);
    center3_y = centerLINE_k * (center3_x - centerLINE_x) + centerLINE_y;
    smooth_r3 = sqrt( (center1_x - center3_x)^2 + (center1_y - center3_y)^2 ) - smooth_r1;
    meet1_k = (center1_y - center3_y)/(center1_x - center3_x);
```

```
        meet2_k = (center2_y − center3_y)/(center2_x − center3_x);
        meet1_x = center1_x − 1/sqrt(meet1_k^2 + 1) * smooth_r1;  % 过渡点 1(大圆 1 和小圆 3 的切点)
        meet2_x = center2_x + 1/sqrt(meet2_k^2 + 1) * smooth_r2;  % 过渡点 2(小圆 3 和大圆 2 的切点)
        for cnt = smoothC1_START:smoothC1_END              % 计算平滑圆弧,并给 S 重新赋值
            if thetaDEG(cnt)< meet1_x
                s(cnt) = + sqrt(smooth_r1^2 − (thetaDEG(cnt) − center1_x)^2) + center1_y;
            elseif thetaDEG(cnt)< meet2_x
                s(cnt) = − sqrt(smooth_r3^2 − (thetaDEG(cnt) − center3_x)^2) + center3_y;
            else
                s(cnt) = + sqrt(smooth_r2^2 − (thetaDEG(cnt) − center2_x)^2) + center2_y;
            end
        end
    elseif atan(y0/x0) = = alphaRAD
        radiusBIG = 100;                                   % 先给定大圆的半径
        smooth_r1 = radiusBIG; smooth_r2 = radiusBIG;
        center1_x = x1 − k1/sqrt(k1^2 + 1) * smooth_r1;
        center1_y = y1 + 1/sqrt(k1^2 + 1) * smooth_r1;
        center2_x = x2 − k2/sqrt(k2^2 + 1) * smooth_r2;
        center2_y = y2 + 1/sqrt(k2^2 + 1) * smooth_r2;
        centerLINE_k = − 1/((center1_y − center2_y)/(center1_x − center2_x));
        centerLINE_x = (center1_x + center2_x)/2;
        centerLINE_y = (center1_y + center2_y)/2;
        center3_x = thetaDEG(posC1 + round(length/2));
        center3_y = centerLINE_k * (center3_x − centerLINE_x) + centerLINE_y;
        smooth_r3 = sqrt( (center1_x − center3_x)^2 + (center1_y − center3_y)^2 ) − smooth_r1;
        meet1_k = (center1_y − center3_y)/(center1_x − center3_x);
        meet2_k = (center2_y − center3_y)/(center2_x − center3_x);
        meet1_x = center1_x + 1/sqrt(meet1_k^2 + 1) * smooth_r1;  % 过渡点 1(大圆 1 和小圆 3 的切点)
        meet2_x = center2_x − 1/sqrt(meet2_k^2 + 1) * smooth_r2;  % 过渡点 2(小圆 3 和大圆 2 的切点)
        for cnt = smoothC1_START:smoothC1_END              % 计算平滑圆弧,并给 S 重新赋值
            if thetaDEG(cnt)< meet1_x
                s(cnt) = − sqrt(smooth_r1^2 − (thetaDEG(cnt) − center1_x)^2) + center1_y;
            elseif thetaDEG(cnt)< meet2_x||cnt < posC1 − length − 2
                s(cnt) = sqrt(smooth_r3^2 − (thetaDEG(cnt) − center3_x)^2) + center3_y;
            else
                s(cnt) = − sqrt(smooth_r2^2 − (thetaDEG(cnt) − center2_x)^2) + center2_y;
            end
        end
    else %%%%%%%%%%60
        radiusBIG = 20; % 先给定大圆的半径
        smooth_r1 = radiusBIG; smooth_r2 = radiusBIG;
        center1_x = x1 + k1/sqrt(k1^2 + 1) * smooth_r1;
        center1_y = y1 − 1/sqrt(k1^2 + 1) * smooth_r1;
        center2_x = x2 + k2/sqrt(k2^2 + 1) * smooth_r2;
        center2_y = y2 − 1/sqrt(k2^2 + 1) * smooth_r2;
        centerLINE_k = − 1/((center1_y − center2_y)/(center1_x − center2_x));
        centerLINE_x = (center1_x + center2_x)/2;
        centerLINE_y = (center1_y + center2_y)/2;
```

```
        center3_x = thetaDEG(posC1 − round(length/2));
        center3_y = centerLINE_k * (center3_x − centerLINE_x) + centerLINE_y;
        smooth_r3 = sqrt( (center1_x − center3_x)^2 + (center1_y − center3_y)^2 ) − smooth_r1;
        % 计算过渡点
        meet1_k = (center1_y − center3_y)/(center1_x − center3_x);
        meet2_k = (center2_y − center3_y)/(center2_x − center3_x);
        meet1_x = center1_x − 1/sqrt(meet1_k^2 + 1) * smooth_r1;    % 过渡点 1(大圆 1 和小圆 3 的切点)
        meet2_x = center2_x − 1/sqrt(meet2_k^2 + 1) * smooth_r2;    % 过渡点 2(小圆 3 和大圆 2 的切点)
        for cnt = smoothC1_START:smoothC1_END                      % 计算平滑圆弧,并给 S 重新赋值
            if thetaDEG(cnt)< meet1_x
                s(cnt) = + sqrt(smooth_r1^2 − (thetaDEG(cnt) − center1_x)^2) + center1_y;
            elseif thetaDEG(cnt)< meet2_x
                s(cnt) = − sqrt(smooth_r3^2 − (thetaDEG(cnt) − center3_x)^2) + center3_y;
            else
                s(cnt) = + sqrt(smooth_r2^2 − (thetaDEG(cnt) − center2_x)^2) + center2_y;
            end
        end
    end


% 重新微分计算平滑后的 SVAJ 曲线
v = diff(s);
v = [v(1) v];
a = diff(v);
a = [a(1) a ];
j = diff(a);
j = [j(1) j];
% 作图
figure(2)
subplot(2,2,1);plot(thetaDEG,s);title('位移');
subplot(2,2,2);plot(thetaDEG,v);title('速度');
subplot(2,2,3);plot(thetaDEG,a);title('加速度');
subplot(2,2,4);plot(thetaDEG,j);title('跃度');
pause(8);
s = [s((2 * length):size(2)) s(2:2 * length)];                     % 复位
% close all
clear center1_x center1_y center2_x center2_y center3_x center3_y centerLINE_x centerLINE_y
meet1_x meet2_x;
clear smoothC1_START smoothC1_END move smoothC2_START smoothC2_END x1 x2 y1 y2
clear meet1_k meet2_k k1 k2 posC1 posC2 length radiusBIG smooth_r1 smooth_r2 smooth_r3
centerLINE_k
%%%%%%%%%%%%%% 凸轮包络线计算 %%%%%%%%%%%%%%
r0 = min(s);                                                        % 计算基圆半径
% 计算轮廓线
xE = s. * cos(thetaRAD);yE = s. * sin(thetaRAD);
xE_diff = [xE(size(2)) − xE(1) diff(xE)];
yE_diff = [yE(size(2)) − yE(1) diff(yE)];
xCam = xE − r * yE_diff./sqrt(xE_diff.^2 + yE_diff.^2);
yCam = yE + r * xE_diff./sqrt(xE_diff.^2 + yE_diff.^2);
```

```
xCam = [xCam(2:size(2)) xCam(2:3)];
yCam = [yCam(2:size(2)) yCam(2:3)];
 % 输出图像
figure(3)
plot(xCam, yCam, xE, yE); hold on
for cnt = 1:5:size(2)
     plot(xE(cnt) + r * cos(0:0.01:2 * pi), yE(cnt) + r * sin(0:0.01:2 * pi), 'g'); hold on
end
legend('轮廓线', '运动轨迹')
axis equal
pause(8);
 % close all
 % 压力角校验
phiRAD = atan(v. /s);
phiDEG = phiRAD/pi * 180;
 % 输出压力角图像
figure(4)
plot(thetaDEG, phiDEG)
xlabel('theta/degree'); ylabel('pressure angel/degree');
pause(8);
 % close all
clear xE_diff yE_diff
 %%%%%%%%%%%% 运动仿真 %%%%%%%%%%%%%%%%%
 % 由于凸轮的计算量大, 为保证图像一定能输出, 应预先计算好存在矩阵中
Camx = zeros(size(2), size(2) + 1); Camy = zeros(size(2), size(2) + 1);
rCam = sqrt(xCam.^2 + yCam.^2);
for cnt = 1:size(2)                                          % 用极坐标方程计算
    Camx(cnt, :) = rCam. * cos(angle(xCam + yCam * i) - 2 * pi/size(2) * cnt + pi);
    Camy(cnt, :) = rCam. * sin(angle(xCam + yCam * i) - 2 * pi/size(2) * cnt + pi);
end
 % 图像输出
figure(5)
for cnt = 1:3:size(2)
    hold off
    plot(xC, yC, '--') % 轨迹
    hold on
    fill(s(cnt) + r * cos(0:0.01:2 * pi), r * sin(0:0.01:2 * pi), 'b')      % 滚子
    fill( - Camx(cnt, :), Camy(cnt, :), 'r');                               % 凸轮
    plot([0 xB(cnt)], [0 yB(cnt)], '-b', 'LineWidth', 1)                    % AB 杆
    plot([xC(cnt) xB(cnt)], [yC(cnt) yB(cnt)], '-g', 'LineWidth', 1)        % BC 杆
    plot([xC(cnt) s(cnt) + DE], [yC(cnt) 0], '-g', 'LineWidth', 1)          % CD 杆
    plot([s(cnt) s(cnt) + DE], [0 0], '-b', 'LineWidth', 1)                 % DE 杆
    plot(0, 0, '*y', s(cnt), 0, '*y');                                      % 转动中心和滚子
    axis equal
    axis ([ - 60, 180, - 60, 80])
    pause(0.001)
end
 %%%%%%%%%%% 数据导出 %%%%%%%%%%%%%%%%%
xxCam = xCam'; yyCam = yCam';                                % 将横矩阵转换成纵矩阵
T = table(xxCam, yyCam);                                     % 生成 table 表格
writetable(T, 'D:\superCAM.txt')                            % 导出到 txt 中
```

程序计算结果如下所示：

AB = 19.747428,BC = 56.315971

程序结果如图 4-15～图 4-19 所示。

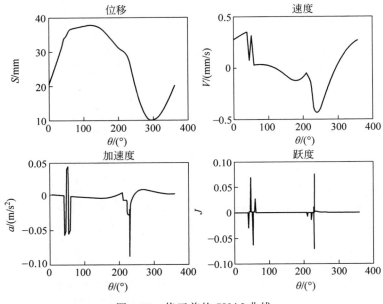

图 4-15　修正前的 SVAJ 曲线

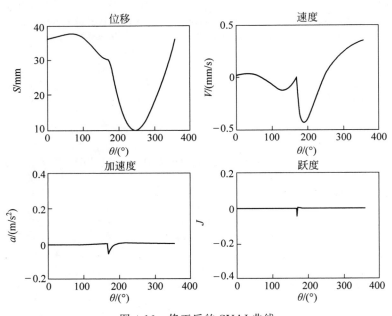

图 4-16　修正后的 SVAJ 曲线

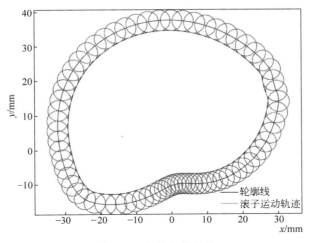

图 4-17　凸轮轮廓曲线

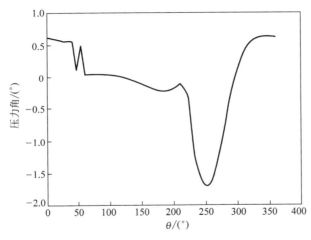

图 4-18　压力角曲线

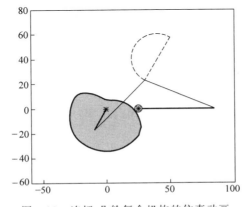

图 4-19　连杆-凸轮复合机构的仿真动画

注：程序版本 MATLAB R2016a

连杆-凸轮复合机构设计的 MATLAB 源程序可扫右边二维码下载。

第 5 章

基于 AR 的机器人结构分析

传统的实践教学大多采用实训的模式,随着信息技术的发展,虚拟仿真技术逐渐在实践教学中得到应用。为了解决高校机械类专业实践教学受设备、时间及场地空间等因素限制的问题,本项目采用虚拟现实和增强现实技术,基于 Unity3D 构建了机械臂虚拟仿真实践教学系统,实现了移动终端多平台浏览操作、产品结构展示、虚拟拆装,产品 AR 展示及课程知识考核等教学实践功能。

5.1 虚拟现实技术

虚拟现实(virtual reality,VR)集成了计算机图形技术、计算机仿真技术、人工智能技术、传感技术、显示技术、网络并行处理等技术的最新发展成果,是一种由计算机生成的高技术模拟系统,主要由专业图形处理计算机、应用软件系统、输入设备和演示设备等组成包括头盔式显示器、跟踪器、传感手套、屏幕式、房式立体显示系统、三维立体声音生成装置等。

VR 技术的特征主要有 3 点:沉浸性、交互性、构想性。根据其所实现的功能效果和技术的不同可分为:沉浸式 VR 技术、分布式 VR 技术、桌面式 VR 技术、增强式 VR 技术、纯软件 VR 技术和可穿戴 VR 技术等。其中,沉浸式 VR 系统要求用户戴上立体显示头盔、数据手套、数据衣等,使用户"进入"计算机系统所产生的虚拟世界中,从而产生身临其境的效果。

投资最少,效果最显著的一种 VR 的开发模式是利用计算机、通用 VR 硬件设备、网络和 VR 软件环境实现。VR 软件的典型代表有 X3D、VRML、JAVA3D、OpenGL 及 Vega 等软件产品。

增强虚拟现实(augmented reality,AR)技术将 VR 技术模拟、仿真的信息叠加到物理世界中,即把真实环境和虚拟环境组合在一起。AR 系统既可减少对复杂真实环境的计算,又可对虚拟模型进行操作。因此 AR 系统具有虚实结合、实时交互的新特点。

5.2 基于 AR 技术的机器人结构分析方法

利用 AR 技术将现实环境中不存在的虚拟对象——机械臂三维模型准确"放置"在真实环境中,借助显示设备将虚拟对象与真实环境融为一体,并呈现给使用者一个感官效果真实的新环境。

Unity3D 作为一个功能强大且具有良好的跨平台特性的三维引擎,在构建交互式的虚拟场景方面具有极大的应用空间。利用 Unity3D 构建三维交互式虚拟场景,并将导入的典型机械臂模型发布在手机端运行,这种基于移动平台独立运行的 App,无需网络支持,更加便捷,学生可通过 AR 展示完成机器人结构拆装。具体操作流程如下所示。

1. 下载 Unity3D 软件(要求电脑 Windows 系统)

方法一:双击资料包里的 UnityDownloadAssistan.exe 进行软件下载与安装。

在图 5-1 所示弹窗中勾选 Android Build Support(本次发布的为 Android 版本)和 Vuforia Augmented Reality Support 2 个选项,不改变默认选项。

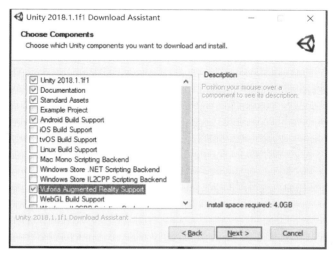

图 5-1　弹窗选项勾选示意图

方法二:搜索 Unity3D 的官方网站,登录该网站,完成注册,即创建 Unity ID 后下载 Unity 软件针对个人使用者 Personal 的免费版本,建议下载 Unity2018 及以上的版本,如图 5-2 所示。(说明:官网主页内容会经常变换)

图 5-2　Unity 官网示意图

2. 资源导入

（1）双击计算机桌面 Unity 图标运行 Unity3D 软件。

（2）采用方法一时注意首次使用 Unity 软件需先注册，单击 Create a Unity ID，注册完成后登录（图 5-3）。

图 5-3　Unity 软件注册示意图

（3）首先将机械臂三维模型的压缩包进行解压（默认的解压文件夹名称为 123）。

（4）单击右上角的 Open 按钮，按路径选择解压好的文件夹 123 进行导入即可，如图 5-4 所示。

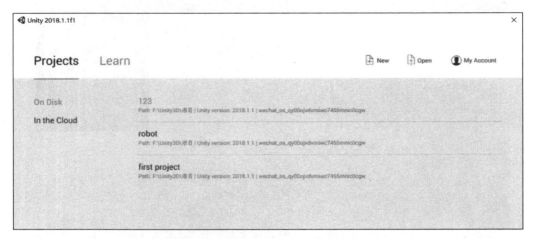

图 5-4　机械臂解压文件导入示意图

3. 环境配置

1）安装 JDK

打开 Oracle 官网主页后向下滑动，找到 Java SE Development Kit，选择 Windows 版本进行下载。如图 5-5 所示。单击 Download 按钮后弹窗如图 5-6 所示，勾选后下载，运行EXE 文件进行安装。注意文件的安装路径不能有中文字符，示例中的路径为：E:\SDK\Java（注意：安装时的默认路径为 C:\Program Files\Java）。

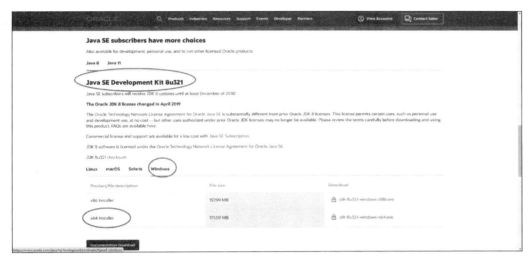

图 5-5　JDK 软件下载示意图

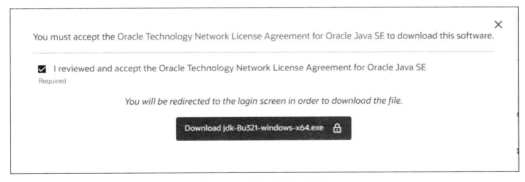

图 5-6　下载弹窗示意图

下载完成后右击桌面"我的电脑"（或"计算机"），选择属性\高级系统设置，在弹窗中单击环境变量，如图 5-7 示。

在新的弹窗中系统变量下部单击新建按钮，在电脑中新建一个系统环境变量如图 5-8所示。

在弹窗中输入相应内容，变量名为 JAVA_HOME，变量值为 JDK 的安装路径（根据实际情况输入），如图 5-9 所示。

图 5-7　计算机环境变量设置示意图

图 5-8　新建系统环境变量示意图

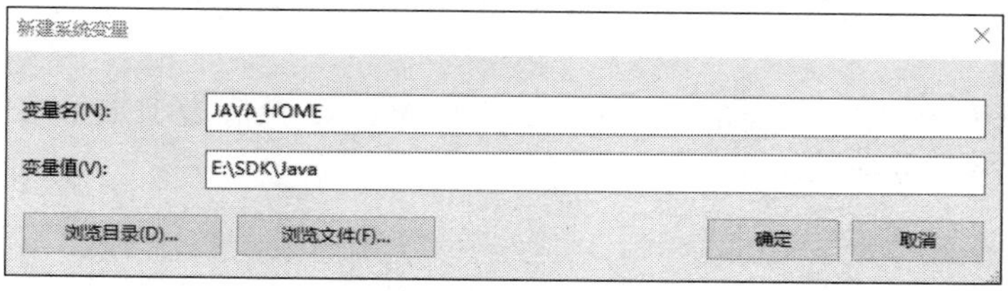

图 5-9　新建系统环境变量名

在系统变量中找到 Path，单击编辑按钮，在编辑环境变量的弹窗中单击新建按钮，输入%JAVA_HOME%\bin；%JAVA_HOME%\jre\bin。单击下方的确定按钮。

检测是否配置成功：在键盘上同时按下 Win+R 键（Win 键位于键盘上的 Ctrl 键和 Alt 键中间），弹窗中输入 cmd，单击确定按钮，打开命令行窗口，输入 javac -version（注意中间有空格），安装成功则看到 oracle JDK 版本号，如图 5-10 所示。

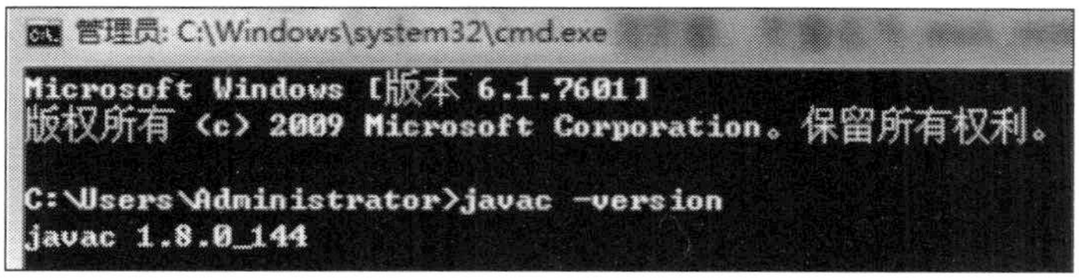

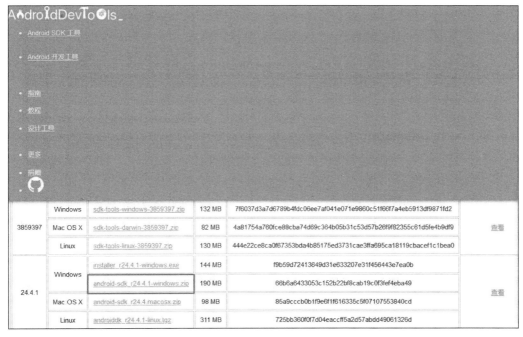

图 5-10　命令行窗口查看示意图

2）安装 Android SDK

方法一：在官网下载安装；

方法二：登录 AndroidDevTools 网站下载安装；

方法三：通过 360 安全卫士→360 软件管家→编程开发→搜索、下载安装。

下面以方法二为例进行操作说明：

（1）下载 Android SDK Tools。在主页单击 Android SDK 工具，先找到 SDK Tools，下载最新的版本即可。如图 5-11 选中红框标示的 zip 文件包，下载并解压至目标路径位置，如图 5-12 所示。

3859397	Windows	sdk-tools-windows-3859397.zip	132 MB	7f6037d3a7d6789b4fdc06ee7af041e071e9860c51f66f7a4eb5913df9871fd2	查看
	Mac OS X	sdk-tools-darwin-3859397.zip	82 MB	4a81754a760fce88cba74d69c364b05b31c53d57b26f9f82355c61d5fe4b9df9	
	Linux	sdk-tools-linux-3859397.zip	130 MB	444e22ce8ca0f67353bda4b85175ed3731cae3ffa695ca18119cbacef1c1bea0	
24.4.1	Windows	installer_r24.4.1-windows.exe	144 MB	f9b59d72413649d31e633207e31f456443e7ea0b	查看
		android-sdk_r24.4.1-windows.zip	190 MB	66b6a6433053c152b22bf8cab19c0f3fef4eba49	
	Mac OS X	android-sdk_r24.4.macosx.zip	98 MB	85a9cccb0b1f9e6f1f616335c5f07107553840cd	
	Linux	androiddk_r24.4.1-linux.tgz	311 MB	725bb360f0f7d04eaccff5a2d57abdd49061326d	

图 5-11　下载 Android SDK 示意图

工具盘 (E:) ▸ SDK ▸ Android ▸
搜索 Android
共享 ▾ 刻录 新建文件夹
名称 修改日期 类型 大小
.android 2017/8/14 11:38 文件夹
add-ons 2017/8/14 11:24 文件夹
build-tools 2017/8/13 8:44 文件夹
docs 2017/8/12 18:18 文件夹
extras 2017/8/12 17:47 文件夹
platforms 2017/8/14 10:06 文件夹
platform-tools 2017/8/13 8:44 文件夹
sources 2017/8/14 11:25 文件夹
system-images 2017/8/14 10:11 文件夹
temp 2017/8/14 11:47 文件夹
tools 2017/8/13 8:43 文件夹
AVD Manager 2014/12/6 5:21 应用程序 216 KB
SDK Manager 2014/12/6 5:21 应用程序 216 KB
SDK Readme 2014/12/6 5:21 文本文档 2 KB
uninstall 2017/8/12 16:28 应用程序 70 KB

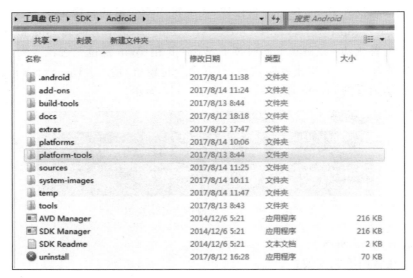

图 5-12　文件解压路径图

(2) 双击启动文件夹中的应用程序 SDK Manager。

① 在 Tools 的弹窗中勾选前三个选项安装。

② API 的选项可任意选择一个,考虑向下兼容原则,可以下载最新的 API,建议下载 Android 8,9,10 版本。

③ Extras 的选项全选。安装后状态如图 5-13 所示。

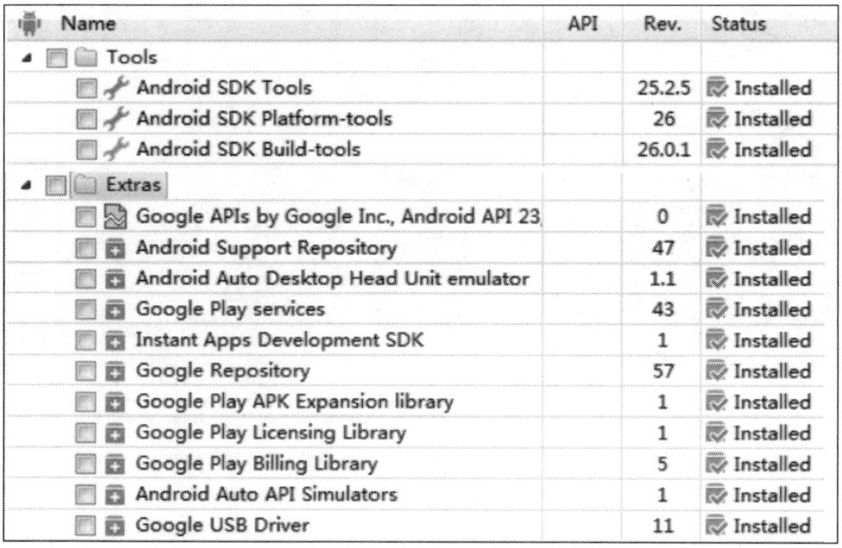

Name API Rev. Status
Tools
Android SDK Tools 25.2.5 Installed
Android SDK Platform-tools 26 Installed
Android SDK Build-tools 26.0.1 Installed
Extras
Google APIs by Google Inc., Android API 23 0 Installed
Android Support Repository 47 Installed
Android Auto Desktop Head Unit emulator 1.1 Installed
Google Play services 43 Installed
Instant Apps Development SDK 1 Installed
Google Repository 57 Installed
Google Play APK Expansion library 1 Installed
Google Play Licensing Library 1 Installed
Google Play Billing Library 5 Installed
Android Auto API Simulators 1 Installed
Google USB Driver 11 Installed

图 5-13　安装示意图

(3) 设置环境变量。

① 新建一个系统环境变量,变量名为 ANDROID_SDK_HOME,变量值为 SDK 的安装路径。

第 5 章　基于 AR 的机器人结构分析
65

② 把％ANDROID_SDK_HOME％\platform－tools；％ANDROID_SDK_HOME％\ tools 添加到 Path 环境变量中。

③ 检测是否配置成功。打开命令行窗口,输入命令 adb。出现如图 5-14 所示内容则表明配置成功。

图 5-14　命令行窗口检测配置示意图

4. 在 Unity3D 平台中发布到 Android 手机平台

(1) 在发布界面需要将 Android-Support-for-Editor 下载,运行界面如图 5-15 所示。

图 5-15　Unity3D 发布界面示意图

(2) 在 Unity 中配置好 SDK 和 JDK 的安装路径。按命令菜单操作顺序为：Edit→Preferences→External Tools→配置相关路径,如图 5-16 所示。

(3) 按命令菜单操作设置参数：File→Build Settings→Player Settings。

图 5-17 中的手写数字 1、2、3、4、5 表示发布过程的操作步骤,其中步骤 3 参数说明：

Company Name 为公司名字；

Product Name 为产品名字；

Default Icon 为 apk 图标,可选可不选。

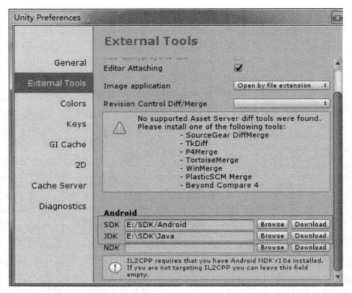

图 5-16　Unity 配置 SDK、JDK 软件安装路径示意图

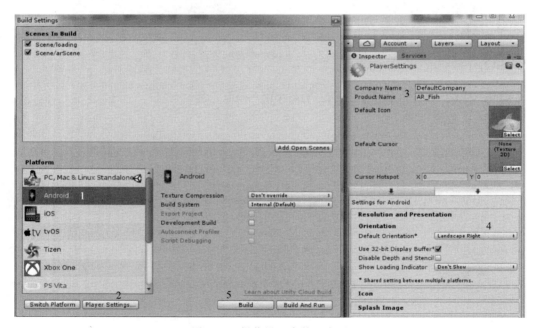

图 5-17　操作设置参数示意图

注：此时可能会出现如图 5-18 所示错误信息提示，修改方法：将原来的默认值进行修改即可。

设置 Build Indentifier 属性的值为 com. aaa. bbb 格式。

命令菜单的操作如下：Edit→Project Settings→Player→修改属性值，如图 5-19所示。

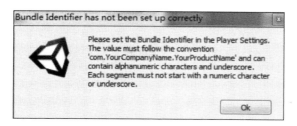

图 5-18　常见错误信息提示图

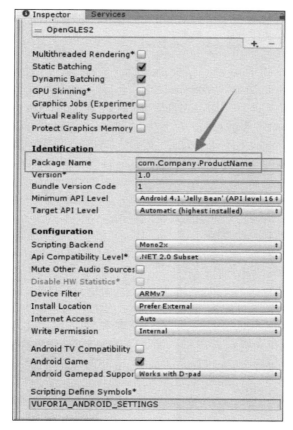

图 5-19　取消默认勾选示意图一

　　注意要取消 Android TV Compatibility 的勾选,如图 5-19、图 5-20 所示。

　　至此,单击 Build 发布,示例中文件名为 111,发布完成后将会在下载路径处找到.apk 的文件。

5. 发布到手机端,生成 App

(1) 将安装包 111.apk 拖入手机文件里,随后打开手机里的文件管理,如图 5-21 所示。

(2) 找到接收到的安装包直接打开,如图 5-22 所示。

(3) 打开后单击继续安装按钮,如图 5-23 所示。

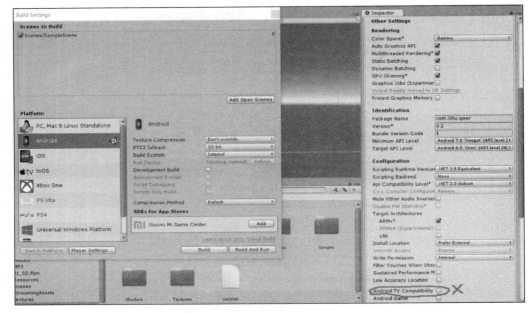

图 5-20　取消默认勾选示意图二

图 5-21　手机文件管理操作示意图

图 5-22　手机查看安装包示意图

（4）然后赋予存储与相机权限，单击完成按钮，如图 5-24 所示。

6．AR 展示

安装以后打开，打开后摄像头扫描识别图像，显示结果如图 5-25 所示，屏幕上出现了一个机械臂以及旁边的 4 个按钮。单击图 5-25 右上角第一个按钮，可以显示爆炸图的效果，如图 5-26 所示，再单击一下则会复原。

图 5-23　手机点击安装包安装示意图

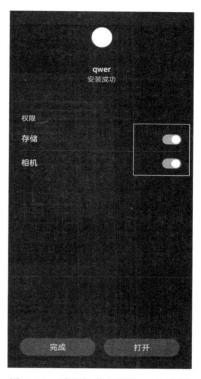

图 5-24　手机操作权限赋予示意图

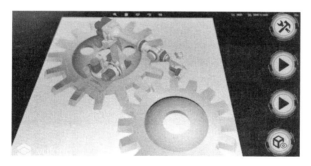

图 5-25　手机端 AR 图像示意图

图 5-26　机械臂爆炸图

单击右侧中间两个按钮可以显示机械臂的一些基本信息,如图 5-27 所示。

图 5-27　机械臂基本信息显示图

图示机械臂为常见的六自由度串联关节型机械臂。六个关节的六个转动自由度使机械臂末端实现空间 X 移动、Y 移动、Z 移动、X 转动、Y 转动、Z 转动。

设计要求:手臂应承载能力大、刚性好、自重轻;手臂的运动速度要适当,惯性要小;手臂动作要灵活。

右侧最下方是音效按钮,单击就会播放音乐,再单击一次就会关闭音乐。

除此之外也可以通过手指滑动屏幕实现以下简单的交互动作。

(1) 通过手指向右或向左滑动可以控制机械臂的旋转,如图 5-28 所示,图中指向箭头表示手指滑动方向。

图 5-28　机械臂旋转示意图

(2) 由两个手指滑动,相互远离和靠近可以实现放大和缩小,如图 5-29 和图 5-30 所示。

图 5-29　机械臂放大示意图

图 5-30　机械臂缩小示意图

（3）手指点图 5-31 所示线框的位置会分别显示如下的信息：

下面的线框：控制整个机身绕 Z 轴的旋转运动；

中间的线框：连接肘关节与肩关节的运动副，控制肩关节与肘关节之间的协调；

最右边的线框机械爪，用来抓取物体。

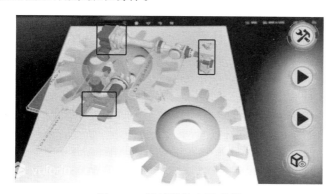

图 5-31　机械臂信息示意图

7．实验结果与分析

（1）写出项目中的工业机器人模型的主要构成，即包括的部件。

（2）写出观察到的工业机器人的自由度，指明运动关节。

（3）实验中的机器人机构是串联机构还是并联机构？这种机构特点是什么？

（4）机器人机械结构包括哪几部分？设计时需注意哪些问题？

Unity 3D 软件包和机械臂模型可扫描右侧二维码下载。

第 2 篇
传动系统的设计指导

第 6 章

传动系统设计

6.1 概　　述

由于原动机的输出转速、转矩、运动形式往往和工作机的要求不同,因此需要在它们之间采用传动系统装置。由于传动装置的选用、布局及设计质量对整个设备的工作性能、重量和成本等影响很大,所以合理地拟定传动方案具有重要的意义。

机械传动系统的设计是一项比较复杂的工作。在机械传动系统设计之前必须首先确定好机械系统传动方案。为了能设计出较好的传动方案,需要在对各种传动型式的性能、运动、工作特点和适用场合等进行深入、全面的了解基础上,多借鉴、参考别人的成功设计经验。

机械传动系统设计的内容为:确定传动方案,选定电动机型号、计算总传动比和合理分配各级传动比,计算传动装置的运动和动力参数。

6.2　传动方案的确定

为了满足同一工作机的性能要求,可采用不同的传动机构、组合和布局,在总传动比保持不变的情况下,还可按不同的方法分配各级传动的传动比,从而得到多种传动方案以供分析、比较。合理的传动方案首先要满足机器的功能要求,例如,传递功率的大小、转速和运动形式。此外还要适应工作条件(工作环境、场地、工作制度等),满足工作可靠、结构简单、尺寸紧凑、传动效率高、使用维护便利、工艺性好、成本低等要求。要同时满足这些要求是比较困难的,但必须满足最主要和最基本的要求。

图 6-1 是电动铰车的 3 种传动方案,其中图 6-1(a)所示方案采用二级圆柱齿轮减速器,适合于繁重及恶劣条件下长期工作,使用维护方便,但结构尺寸较大;图 6-1(b)所示方案采用蜗轮蜗杆减速器,结构紧凑,但传动效率较低,长期连续使用时维护费高;图 6-1(c)所示方案用一级圆柱齿轮减速器和开式齿轮传动,成本较低,但使用寿命较短。从上述分析可见,虽然这 3 种方案都能满足电动铰车的功能要求,但结构、性能和经济性都不同,要根据工作条件要求来选择较好的方案。

为了便于在多级传动方案中合理和正确地选择有关的传动机构和排列顺序,以充分发挥其各自的优势,在拟定传动方案时应注意下面几点。

(1) 带传动具有传动平稳、吸收振动等特点,而且能起过载保护作用,但由于它是靠摩擦力来工作的,为了避免结构尺寸过大,通常把带传动布置在高速级。

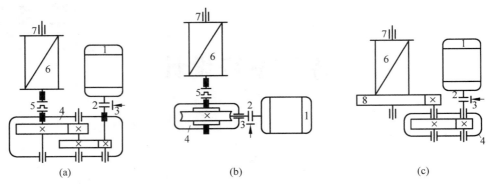

1—电动机；2，5—联轴器；3—制动器；4—减速器；6—卷筒；7—轴承；8—开式齿轮。

图 6-1　电动铰车传动方案简图

（a）二级圆柱齿轮减速器；（b）蜗轮蜗杆减速器；（c）一级圆柱齿轮减速器和开式齿轮传动

（2）链传动因具有瞬时传动比不稳定的运动特性，应将其布置在低速级，以尽量减小导致产生冲击的加速度。

（3）斜齿圆柱齿轮传动具有传动平稳、承载能力大的优点，加工也不困难，所以在没有变速要求的传动装置中，大多采用斜齿圆柱齿轮传动。如果传动方案中同时采用了斜齿和直齿圆柱齿轮传动，应将斜齿圆柱齿轮传动布置在高速级。在斜齿圆柱齿轮减速器中，应使轮齿的旋向有利于轴承受力均匀或使轴上各传动零件产生的轴向力能相互抵消一部分。另外，为了补偿因轴的变形而导致载荷沿齿宽方向分布不均，应尽可能使输入和输出轴上的齿轮远离轴的伸出端。

（4）蜗杆传动具有传动比大、结构紧凑、工作平稳等优点，但其传动效率低，所以只用于传递功率不大、间断工作或要求自锁的场合。

（5）开式齿轮传动因润滑条件及工作环境都较差，所以磨损较快，因此通常布置在低速级。

为了便于设计时选择传动装置，表 6-1 列出了常用减速器的类型及特性。各种机械传动的传动比可参考附表 1-6。

表 6-1　常用减速器的类型及特性

名　称	简　图	特性与应用场合
单级圆柱齿轮减速器		轮齿可用直齿、斜齿或人字齿。直齿用于低速（$V \leqslant 8\text{m/s}$）或载荷较轻的传动，斜齿或人字齿用于较高速（$V = 25 \sim 50\text{m/s}$）或载荷较重的传动。箱体常用铸铁制造，轴承常用滚动轴承。传动比范围：$i = 3 \sim 6$，直齿 $i \leqslant 4$，斜齿 $i \leqslant 6$
两级展开式圆柱齿轮减速器		高速级常用斜齿，低速级可用直齿或斜齿。由于相对于轴承不对称，要求轴具有较大的刚度。高速级齿轮在远离转矩输入端，以减少因弯曲变形所引起的载荷沿齿宽分布不均的现象。常用于载荷较平稳的场合，应用广泛。传动比范围：$i = 8 \sim 40$

名　　称	简　图	特性与应用场合
两级同轴式圆柱齿轮减速器		箱体长度较短,轴向尺寸及质量较大,中间轴较长、刚度差及其轴承润滑困难。当两大齿轮浸油深度大致相同时,高速级齿轮的承载能力难以充分利用。仅有一个输入轴和输出轴,传动布置受到限制。传动比范围:$i=8\sim40$
单级圆锥齿轮减速器		用于输入轴和输出轴的轴线垂直相交的传动。有卧式和立式两种。轮齿加工较复杂,可用直齿、斜齿或曲齿。$i=2\sim5$,直齿 $i\leqslant3$,斜齿 $i\leqslant5$
两级圆锥-圆柱齿轮减速器		用于输入轴和输出轴的轴线垂直相交且传动比较大的传动。圆锥齿轮布置在高速级,以减少圆锥齿轮的尺寸,便于加工。$i=8\sim25$
单级蜗杆减速器	(a) (b) （a）蜗杆下置式; （b）蜗杆上置式	传动比大,结构紧凑,但传动效率低,用于中小功率、输入轴和输出轴垂直交错的传动。蜗杆下置式的润滑条件较好,应优先选用。当蜗杆圆周速度 $V>5\mathrm{m/s}$ 时,应采用上置式,此时蜗杆轴承润滑条件较差。$i=10\sim40$
NGW 型单级行星齿轮减速器		比普通圆柱齿轮减速器的尺寸小,重量轻,但制造精度要求高,结构复杂。用于要求结构紧凑的动力传动。$i=3\sim12$

若课程设计任务书中已提供了传动方案,则应对该方案的可行性、合理性及经济性进行论证,也可提出改进性意见并另行拟订方案。

6.3　电动机的选择

电动机的选择应在传动方案确定之后进行,其目的是在合理地选择其类型、功率和转速的基础上,确定电动机的型号。

6.3.1　选择电动机类型和结构型式

电动机类型和结构型式要根据电源(交流或直流)、工作条件和载荷特点(性质、大小、起动性能和过载情况)来选择。工业上广泛使用三相异步电动机。要求载荷平稳、不调速、长期工作的机器,可采用鼠笼式异步电动机。Y 系列电动机为我国推广采用的新设计产品,它具有节能、启动性能好等优点,适用于不含易燃、易爆和腐蚀性气体的场合及无特殊要求的机械中(见附录 11)。对于经常起动、制动和反转的场合,可选用转动惯量小、过载能力强的 YZ 型、YR 型和 YZR 型等系列的三相异步电动机。

电动机的结构有开启式、防护式、封闭式和防爆式等,可根据工作条件选用。同一类型的电动机又具有几种安装型式,应根据安装条件确定。

6.3.2　确定电动机的功率

电动机的功率选择是否恰当,对电动机的正常工作和成本都有影响。所选电动机的额定功率应等于或稍大于工作要求的功率。功率小于工作要求,则不能保证工作机正常工作,或使电动机长期过载、发热大而过早损坏;功率过大,则增加成本,并且由于效率和功率因数低而造成浪费。电动机的功率主要由运行时发热条件限定,由于课程设计中的电动机大多是在常温和载荷不变(或变化不大)的情况下长期连续运转,所以在选择其功率时,只要使其所需的实际功率(简称电动机所需功率)P_d 不超过额定功率 P_{ed},即可避免过热,即使 $P_{ed} \geqslant P_d$。

1. 工作机主轴所需功率

若已知工作机主轴上的传动滚筒、链轮或其他零件上的圆周力(有效拉力)$F(\mathrm{N})$ 和圆周速度(线速度)$V(\mathrm{m/s})$,则在稳定运转下工作机主轴上所需功率 P_w 按下式计算:

$$P_w = \frac{FV}{1000} \mathrm{kW} \tag{6-1}$$

若已知工作机主轴上的传动滚筒、链轮或其他零件的直径 $D(\mathrm{mm})$ 和转速 $n(\mathrm{r/min})$,则圆周速度 V 按下式计算:

$$V = \frac{\pi D n}{60 \times 1000} \mathrm{m/s} \tag{6-2}$$

若已知工作机主轴上的转矩 $T(\mathrm{N \cdot m})$ 和转速 $n(\mathrm{r/min})$,则工作机主轴所需功率 P_w 按下式计算:

$$P_w = \frac{T \cdot n}{9550} \mathrm{kW} \tag{6-3}$$

有的工作机主轴上所需功率,可按专业机械有关的要求和数据计算。

2. 电动机所需功率

电动机所需功率 P_d 按下式计算:

$$P_{\mathrm{d}} = \frac{P_{\mathrm{w}}}{\eta} \mathrm{kW} \tag{6-4}$$

式中，P_{w} 为工作机主轴所需功率，单位为 kW；η 为由电动机至工作机主轴之间的总效率。

总效率 η 按下式计算：

$$\eta = \eta_1 \cdot \eta_2 \cdot \cdots \cdot \eta_n \cdot \eta_{\mathrm{w}} \tag{6-5}$$

式中，$\eta_1, \eta_2, \cdots, \eta_n$ 分别为传动装置中每一传动副（齿轮、蜗杆、带或链）、每对轴承、每个联轴器的效率，其概略值见书中附表 1-7；η_{w} 为工作机的效率。

计算总效率时，要注意以下几点。

（1）当选用 η_i 数值时，一般取中间值，如果工作条件差、润滑不良取低值，反之取高值；

（2）动力每经一对运动副或传动副，就有一次功耗，所以在计算总效率时，都要计入；

（3）计算中传动效率仅是传动啮合效率，未计入轴承效率，所以轴承效率须另计。附表 1-7 中轴承效率均指的是一对轴承的效率。

6.3.3　确定电动机的转速

同一功率的异步电动机有 3000r/min、1500r/min、1000r/min、750r/min 等几种同步转速。一般来说，电动机的同步转速越高，磁极对数越少，外廓尺寸越小，价格越低；反之，转速越低，外廓尺寸越大，价格越贵。因此，在选择电动机转速时，应综合考虑与传动装置有关的各种因素，通过分析比较，选出合适的转速。一般选用同步转速为 1000r/min 和 1500r/min 的电动机为宜。

根据选定的电动机类型、功率和转速由附录 11 中查出电动机的具体型号和外形尺寸。之后传动装置参数的计算和设计就按照已选定的电动机型号的额定功率 P_{ed}、满载转速 n_{m}、电动机的中心高度、外伸轴径和外伸轴长度等条件进行。

6.4　计算总传动比和各级传动比分配

根据电动机的满载转速 n_{m} 和工作机主轴的转速 n_{w}，传动装置的总传动比按下式计算：

$$i = n_{\mathrm{m}}/n_{\mathrm{w}} \tag{6-6}$$

总传动比 i 为各级传动比的连乘积，即

$$i = i_1 i_2 \cdots i_n$$

总传动比的一般分配原则如下。

（1）限制性原则。各级传动比应控制在附表 1-6 给出的常用范围以内。采用最大值时将使传动机构尺寸过大。

（2）协调性原则。传动比的分配应使整个传动装置的结构匀称、尺寸比例协调而又不相互干涉。如果传动比分配不当，就有可能造成 V 带传动中从动轮的半径大于减速器输入轴的中心高，卷筒轴上开式齿轮传动的中心距小于卷筒的半径，以及多级减速器内大齿轮的齿顶与相邻轴的表面相碰等情况。

　　（3）等浸油深度原则。对于展开式双级圆柱齿轮减速器,通常要求传动比的分配应使两个大齿轮的直径比较接近,从而有利于实现浸油润滑。由于低速级齿轮的圆周速度较低,因此其大齿轮的直径允许稍大些(即浸油深度可深一些)。其传动比分配可查图 6-2。

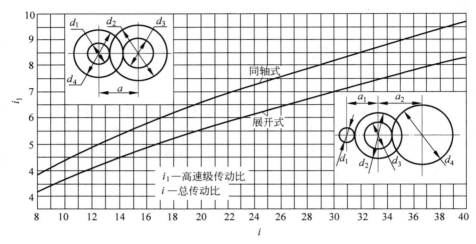

图 6-2　两级圆柱齿轮减速器传动比分配

　　（4）等强度原则。在设计过程中,有时往往要求同一减速器中各级齿轮的接触强度比较接近,以使各级传动零件的使用寿命大致相等。若双级减速器各级的齿宽系数和齿轮材料的接触疲劳极限都相等,且 $a_2/a_1=1.1$,则通用减速器的传动比可按表 6-2 搭配。

表 6-2　双级减速器的传动比搭配

i	6.3	7.1	8	9	10	11.2	12.5	14	16	18	20	22.4
i_1	2.5	2.8	3.15		3.55		4	4.5	5	5.6		6.3
i_2		2.5			2.8			3.15			3.55	

　　（5）优化原则。当要求所设计的减速器的质量最轻或外形尺寸最小时,可以通过调整传动比和其他设计参数(变量),用优化方法求解。上述传动比的分配只是初步的数值,由于在传动零件设计计算中,带轮直径和齿轮齿数的圆整会使各级传动比有所改变,因此,在所有传动零件设计计算完成后,实际总传动比与要求的总传动比有一定的误差,一般相对误差控制在±(3~5)%的范围。

6.5　传动装置的运动和动力参数计算

　　为了给传动件的设计计算提供依据,应计算各传动轴的转速、输入功率和转矩等有关参数。计算时,可将各轴由高速至低速依次编为 0 轴(电动机轴)、Ⅰ轴、Ⅱ轴、……,并按此顺序进行计算。

1．计算各轴的转速

传动装置中，各轴转速的计算公式为

$$\begin{cases} n_0 = n_m \\ n_I = n_0 / i_{01} \\ n_{II} = n_I / i_{12} \\ n_{III} = n_{II} / i_{23} \end{cases} \tag{6-7}$$

式中，i_{01}、i_{12}、i_{23} 分别为相邻两轴间的传动比；n_m 为电动机的满载转速。

2．计算各轴的输入功率

电动机的计算功率一般可用电动机所需实际功率 P_d 作为计算依据，则其他各轴输入功率为

$$\begin{cases} P_I = P_d \eta_{01} \\ P_{II} = P_I \eta_{12} \\ P_{III} = P_{II} \eta_{23} \end{cases} \tag{6-8}$$

式中，η_{01}、η_{12}、η_{23} 分别为相邻两轴间的传动效率。

3．计算各轴输入转矩

电动机输出转矩计算公式为

$$T_d = 9550 \frac{P_d}{n_m} \tag{6-9}$$

其他各轴输入转矩为

$$\begin{cases} T_I = 9550 \dfrac{P_I}{n_I} \\[2mm] T_{II} = 9550 \dfrac{P_{II}}{n_{II}} \\[2mm] T_{III} = 9550 \dfrac{P_{III}}{n_{III}} \end{cases} \tag{6-10}$$

运动和动力参数的计算数值可以整理成列表方便后续计算。

第 7 章

零 件 设 计

设计减速器装配图时,必须先求得各级传动件的尺寸、参数,并确定联轴器的类型和尺寸。例如,当减速器外有传动件时,一般应先进行其设计,以便使减速器设计的原始条件比较准确。先设计带传动,可以得到确定的带传动比(由选定标准带轮直径求得),从而得到较准确的减速器传动比,才能确定各轴转速和转矩。

7.1 传动零件的设计

传动装置零部件包括传动零件、支撑零部件和连接零部件,其中对传动装置的工作性能、结构布置和尺寸大小起主要决定作用的是传动零件,支撑零部件和连接零部件都要根据传动零件的要求来设计。因此,一般先设计传动零件,确定其尺寸、参数、材料和结构,为设计装配草图和零件工作图做准备。

传动零件包括 V 带传动、链传动、齿轮传动、蜗杆蜗轮传动等,传动零件的设计计算方法已在《机械设计教程——理论、方法与标准》中讲述,这里不再赘述。设计时还必须注意传动零件与其他部件的协调问题。

7.1.1 减速器外传动零件设计应注意的问题

设计带传动时,应注意检查带轮尺寸与传动装置外廓尺寸的关系,例如,小带轮外圆半径是否大于电动机中心高,大带轮外圆半径是否过大造成带轮与机器底座相干涉等。还要考虑带轮轴孔尺寸与电动机轴或减速器输入轴尺寸是否相适应。带轮直径确定后,应验算带传动实际传动比和大带轮转速,并以此修正减速器传动比和输入转矩。

链轮外廓尺寸及轴孔尺寸应与传动装置中其他部件相适应。当选用单排链使传动尺寸过大时,可改用双排链或多排链。

开式齿轮传动一般布置在低速级,常选用直齿。由于开式齿轮传动润滑条件较差,磨损较严重,一般只按弯曲强度设计。宜选用耐磨性能较好的材料,并注意大小齿轮材料的配对。

齿轮传动支承刚度较小,应取较小的齿宽系数。注意检查大齿轮的尺寸与材料及毛坯制造方法是否相适应。例如,齿轮直径大于 500mm 时,一般应选用铸铁或铸钢,并采用铸造毛坯。还应检查齿轮尺寸与传动装置总体及工作机是否相称,有没有与其他零件相干涉。

齿轮传动设计完成后,要由选定的齿轮齿数计算实际传动比。

7.1.2　减速器内传动零件设计应注意的问题

减速器内传动零件设计计算方法及结构设计已在《机械设计教程——理论、方法与标准》中讲述,这里不再赘述。设计时还必须注意以下几点。

(1) 齿轮材料应考虑与毛坯制造方法是否协调,例如齿轮直径大于 500mm 时,一般应选用铸铁或铸钢,并采用铸造毛坯。

(2) 注意区别齿轮传动的尺寸及参数,哪些应取标准值,哪些应圆整,哪些应取精确数值。例如,模数和压力角应取标准值,中心距齿宽和结构尺寸应尽量圆整,而啮合几何尺寸(节圆、齿顶圆、螺旋角等)则必须求出精确值。一般尺寸应准确到小数点后 2~3 位,角度应准确到秒。

(3) 选用不同的蜗杆副材料,其适用的相对滑动速度范围也不同,因此选蜗杆副材料时要初估相对滑动速度,并且在传动尺寸确定后,检验其滑动速度,检查所选材料是否适当,必要时修改初选数据。

(4) 蜗杆传动的中心距应尽量圆整,蜗杆副的啮合几何尺寸必须计算精确值,其他结构尺寸应尽量圆整。

(5) 当蜗杆分度圆的圆周速度 $V < 4\text{m/s}$,应把蜗杆布置在下面,而蜗轮布置在上面。

7.2　轴系零件的初步选择

轴系零件包括轴、联轴器、滚动轴承等。轴系零件的选择步骤如下。

7.2.1　初估轴径

当所计算的轴与其他标准件(如电机轴)通过联轴器相连时,可直接按照电机的输出轴径或相连联轴器的允许直径系列来确定所计算轴的直径值。当所计算的轴不与其他标准件相连时,轴的直径可按扭转强度进行估算。初算轴径还要考虑键槽对轴强度的影响,当该段轴截面上有一个键槽时,轴径 d 增大 5%;有两个键槽时,轴径 d 增大 10%,然后将轴径圆整为标准值。按扭转强度计算出的轴径,一般指传递转矩段的最小轴径,但对于中间轴可作为轴承处的轴径。

初估出的轴径并不一定是轴的真实直径。轴的实际直径是多少,还应根据轴的具体结构而定,但轴的最小直径不能小于轴的初估直径。

7.2.2　选择联轴器

选择联轴器包括选择联轴器的类型和型号。

联轴器的类型应根据传动装置的要求来选择。在选用电动机轴与减速器高速轴之间连接用的联轴器时,由于轴的转速较高,为减小起动载荷、缓和冲击,应选用具有较小转动惯量和有弹性元件的联轴器,如弹性套柱梢联轴器等。在选用减速器输出轴与工作机之间连接用的联轴器时,由于轴的转速较低,传递转矩较大,且减速器与工作机常不在一机座上,要求有较大的轴线偏移补偿,因此常选用承载能力较强的无弹性元件的挠性联轴器,如十字滑块联轴器等。若工作机有振动冲击,为了缓和冲击,避免振动影响减速器内传动件的正常工作,可选用有弹性元件的联轴器,如弹性柱梢联轴器等。

联轴器的型号按计算转矩、轴的转速和轴径来选择。要求所选联轴器的许用转矩大于计算转矩,还应注意联轴器两端毂孔直径范围与所连接两轴的直径大小相适应。

7.2.3 初选滚动轴承

滚动轴承的类型应根据所受载荷的大小、性质、方向、转速及工作要求进行选择。若只承受径向载荷或主要是承受径向载荷而轴向载荷较小,轴的转速较高,则选择深沟球轴承;若轴承同时承受较大的径向力和轴向力,或者需要调整传动件(如锥齿轮、蜗杆蜗轮等)的轴向位置,则应选择角接触球轴承或圆锥滚子轴承。由于圆锥滚子轴承装拆方便,价格较低,故应用最多。

根据初步计算的轴径,考虑轴上零件的轴向定位和固定要求,估算出装轴承处的轴径,再选用轴承的直径系列,这样就可初步定出滚动轴承的型号。

7.3 轴系结构设计错误示例分析

表 7-1 和表 7-2 列出了轴系结构设计的常见错误,供读者参考。

表 7-1 轴系结构设计的错误示例一

错误分析	错误类别	错误编号	说明
	轴上零件定位问题	1	轴端零件的轴向定位问题未考虑
		2	右轴承的轴向定位问题未解决
	工艺不合理问题	3	齿根圆小于轴肩,未考虑滚齿加工齿轮的要求
		4	定位轴肩过高,影响左轴承的拆卸
		5	精加工面过长,且装拆左轴承不便
		6	无垫片,无法调整轴承的游隙
	润滑与密封问题	7	轴承油润滑时无挡油盘
		8	油沟中的油无法进入轴承
		9	轴承透盖中无密封件,且与轴直接接触

续表

正确图例	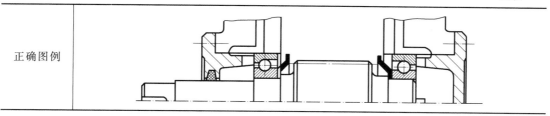

表 7-2　轴系结构设计的错误示例二

错误图例	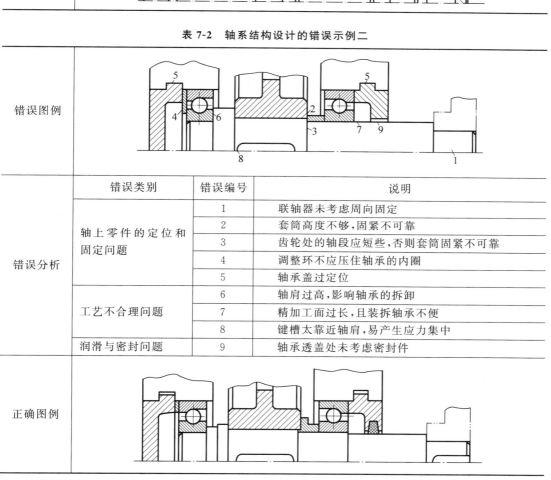

错误分析	错误类别	错误编号	说明
	轴上零件的定位和固定问题	1	联轴器未考虑周向固定
		2	套筒高度不够,固紧不可靠
		3	齿轮处的轴段应短些,否则套筒固紧不可靠
		4	调整环不应压住轴承的内圈
		5	轴承盖过定位
	工艺不合理问题	6	轴肩过高,影响轴承的拆卸
		7	精加工面过长,且装拆轴承不便
		8	键槽太靠近轴肩,易产生应力集中
	润滑与密封问题	9	轴承透盖处未考虑密封件

正确图例	

第8章

结 构 设 计

8.1　机架类零件的结构设计

8.1.1　概述

　　机架类零件包括机器的底座、机架、箱体、底板等。机架类零件主要用于容纳、约束、支承机器和各种零件。机架类零件由于体积较大且形状复杂,常采用铸造或焊接结构。这些零件的数量虽不多,但其质量在整个机器中占相当大的比重,因此它们的设计和制造质量对机器的质量有很大的影响。

　　机架类零件按其构造形式大体上归纳成 4 类:机座类(图 8-1(a)～(d)),机架类(图 8-1(e)～(g))、基板类(图 8-1(h))、箱壳类(图 8-1(i)～(j))。若按结构分类,则可分为整体机架和剖分机架;按其制造方法可分为铸造机架和焊接机架。

　　对机架类零件的设计要求是,由于机器的全部质量将通过机架传至基础上,并且还承受机器工作时的作用力,因此机架类零件应有足够的强度和刚度、有足够的精度、有较好的工艺性、有较好的尺寸稳定性和抗振性、结构设计合理、外形美观,对于带有缸体、导轨等的机架零件,还应有良好的耐磨性,此外还要考虑到吊装、附件安装等问题。

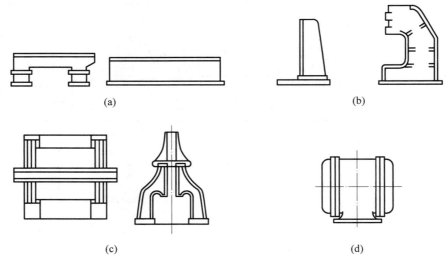

图 8-1　机座与箱体的形式

(a) 卧式机座;(b) 立式机座;(c) 门式机座;(d) 环式机座;(e) 桁架式机架;(f) 框架式机架;

(g) 台架式机架;(h) 基座及基板;(i) 减、变速器箱体;(j) 盖及外罩

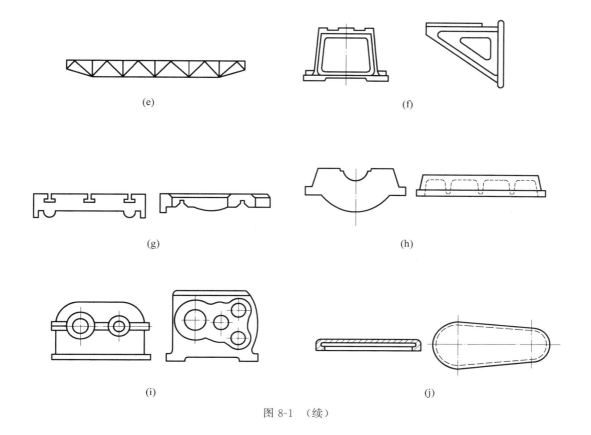

图 8-1　（续）

8.1.2　铸造机架零件的结构设计

机架零件由于形状复杂，常采用铸件。铸造材料常用易加工、廉价、吸振性强、抗压强度高的灰铸铁，要求强度高、刚度大时采用铸钢。

1. 截面形状的合理选择

截面形状的合理选择是设计机架类零件的一个重要问题。大多数机架零件处于复杂的受载状态，合理选择截面形状可以充分发挥材料的性能。当其他条件相同时，受拉或受压零件的刚度和强度只取决于截面面积的大小而与截面形状无关。受弯曲或扭转的机架则不同，若截面面积不变，通过合理选择截面形状来增大惯性矩及截面系数，可提高零件的强度和刚度。几种截面面积相等而形状不同的机架零件在弯曲刚度、弯曲强度、扭转强度、扭转刚度等方面的比较可参考表 8-1、表 8-2。从表中可以看出，主要受弯曲的机架选用工字形截面最好，板块截面最差。主要受扭转的机架选择空心矩形截面最佳，而且在这种截面的机架上易于安装其他零部件，实际工程中大多采用这种截面形状。

表 8-1 非圆截面的强度、刚度与质量

零件	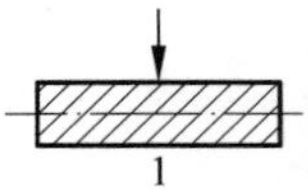 1	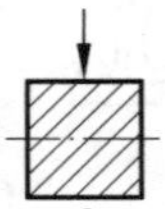 2	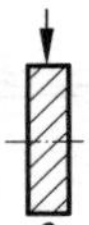 3	 4	 5	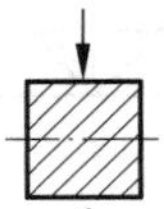 6	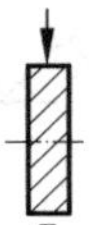 7	 8	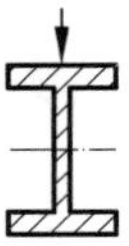 9
	截面面积为常数					抗弯截面模量为常数			
质量	1	1	1	1	1	0.6	0.33	0.2	0.12
抗弯剖面模量	1	2.2	5	9	12	1	1	1	1
惯性矩	1	5	25	40	70	1.7	3	3	3.5

表 8-2 常用的几种截面形状比较

截面	形　状	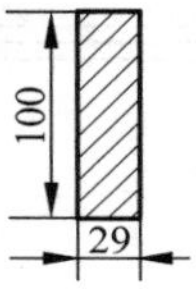	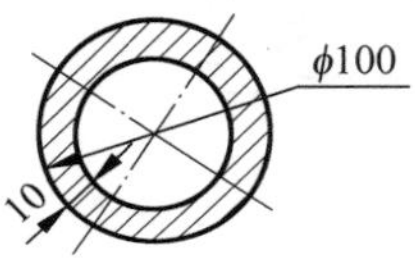	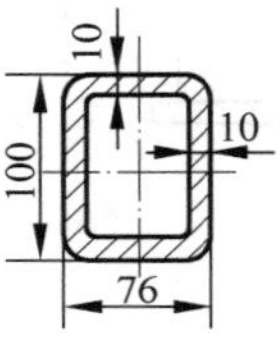	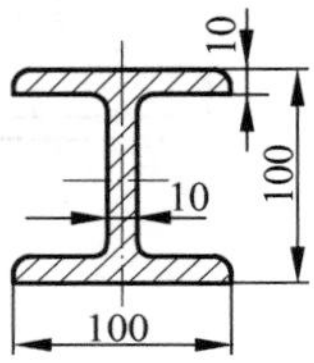
	面积/cm^2	29.0	28.3	29.5	29.5
弯曲	许用弯矩/(N·m)	4.83$[\sigma]_b$	5.82$[\sigma]_b$	6.63$[\sigma]_b$	9.00$[\sigma]_b$
	相对强度	1.0	1.2	1.4	1.8
	相对刚度	1.00	1.15	1.60	2.00
扭转	许用扭矩/(N·m)	0.27$[T]_r$	11.60$[T]_r$	10.40$[T]_r$	1.20$[T]_r$
	相对强度	1.0	43.0	38.5	4.5
	相对刚度	1.0	8.8	31.4	1.9

　　为了得到最大的弯曲刚度和扭转刚度,还应在设计机架时尽量使材料沿截面周边分布。截面面积相等而材料分布不同的几种梁在相对弯曲刚度方面的比较如表 8-3 所示,其中方案Ⅲ比方案Ⅰ大 49 倍,比方案Ⅱ大近 11 倍。

　　需要指出的是,不宜通过增加截面厚度来提高铸铁件的强度。因为厚大截面的铸件因金属冷却慢,析出石墨片粗,且易存在缩孔、缩松等缺陷,会使性能下降;而且其弯曲和扭转强度也并非按截面面积成比例地增加。

表 8-3　材料分布不同的矩形截面梁的相对弯曲刚度

方　案	Ⅰ	Ⅱ	Ⅲ
矩形截面梁	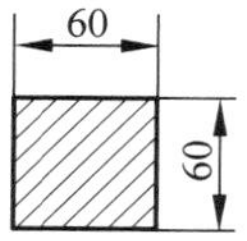	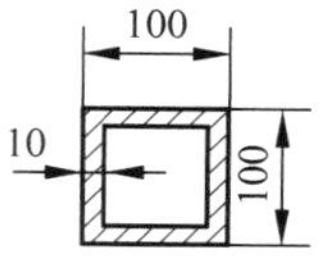	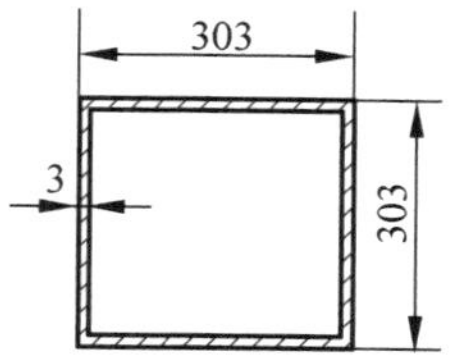
相对弯曲刚度	1	4.55	50

2.　间壁和肋

通常提高机架零件的强度和刚度可采用两种方法：增加壁厚、设置间壁和肋板。增加壁厚将导致零件质量和成本增加，而且并非在任何情况下都能见效。设置间壁和肋板在提高强度和刚度方面常常是最有效的，因此经常采用。设置间壁和肋板的效果在很大程度上取决于设置是否合理，不适当的设置不仅达不到要求，而且会增加铸造难度和浪费材料。几种设置间壁和肋板的不同空心矩形梁及弯曲刚度、扭转刚度方面的比较如表 8-4 所示，从表中可知，方案 V 的斜间壁具有显著效果，相对弯曲刚度比方案 Ⅰ 约大 1/2，相对扭转刚度比方案 Ⅰ 约大两倍，而质量仅增加约 26%。方案 Ⅳ 的交叉间壁虽然相对弯曲刚度和相对扭转刚度都最大，但材料却要多耗费 49%。若以相对弯曲刚度和相对质量之比作为评定间壁设置的经济指标，则方案 V 比方案 Ⅳ 优越；方案 Ⅱ、Ⅲ 的弯曲刚度相对增加值反不如质量的相对增加值，其比值小于 1，说明这种间壁设置不适合承受弯曲。

表 8-4　各种形式间壁的矩形梁的刚度比较

间壁的布置形式	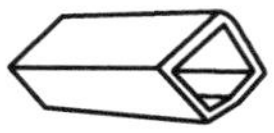 Ⅰ	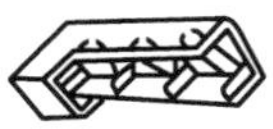 Ⅱ	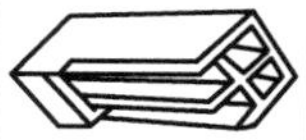 Ⅲ	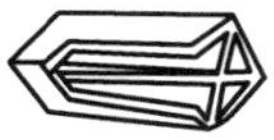 Ⅳ	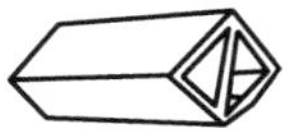 V
相对质量	1	1.14	1.38	1.49	1.26
相对弯曲刚度	1	1.07	1.51	1.78	1.55
相对扭转刚度	1	2.04	2.16	3.69	2.94
相对弯曲刚度/相对质量	1	0.95	0.85	1.20	1.23
相对扭转刚度/相对质量	1	1.79	1.56	2.47	2.34

3. 壁厚的选择

在满足强度、刚度、振动稳定性等条件下,应尽量选用最小的壁厚,以减轻零件的质量,但面大而壁薄的箱体,容易因齿轮、滚动轴承的噪声引起共振,所以壁厚宜适当取厚些,并适当设置肋板以提高箱壁刚度。壁厚和刚度较大的箱体,还可以起到隔音罩的作用。铸造零件的最小壁厚可参考附表1-8。间壁和肋板的厚度一般可取主壁厚度的0.6~0.8,肋板的高度约为主壁厚的5倍。

8.1.3 焊接机架零件的结构设计

单件或小批量生产的机架零件,可采用焊接结构以缩短生产周期、降低成本;另外,钢材的弹性模量比铸铁大,要求刚度相同时,焊接机架比铸铁机架轻(轻25%~50%);制成以后,若发现刚度不够,还可以临时焊上一些加强筋来增加刚度。但焊接机架焊接时变形较大,吸振性不如铸铁件。设计焊接机架零件时,要注意以下几点。

1. 防止局部刚度突然变化

在一个零件中由封闭结构过渡到开式结构时,两部分的扭转刚度有一个突然的变化,因此在封闭结构与开式结构的过渡部位需要有一个缓慢变化的过渡结构(表8-5)。

表 8-5　开式结构与封闭过渡结构的刚度比

焊接结构		I	II	III
刚度比 K	抗拉	1:1.5	1:1.2	1:4
	抗扭	1:500	1:200	1:50

2. 使焊接应力与变形相互抵消

焊接结构力求对称布置焊缝和合理安排焊缝顺序,使焊接应力与变形相互抵消。

8.2　传动零件的结构设计

传动零件的结构设计指确定普通V带轮、同步带轮、滚子链链轮、圆柱齿轮、圆锥齿轮、蜗杆蜗轮的具体结构尺寸,这些零件的结构设计已在机械设计中讲述,这里不再赘述。

8.3　减速器的结构设计

减速器主要由通用零部件(如传动件、支承件、连接件)、箱体及附件所组成。现结合图 8-2 简要介绍在课堂教学中未曾介绍的某些零部件结构。

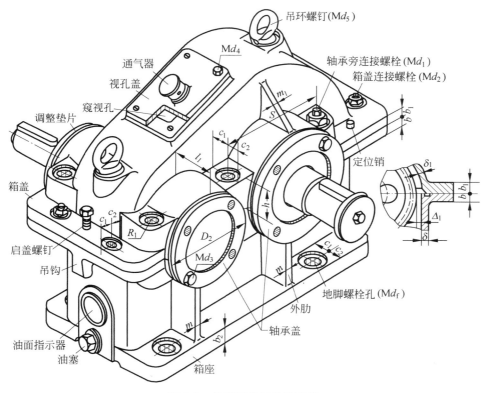

图 8-2　单级圆柱齿轮减速器

8.3.1　齿轮、蜗杆减速器箱体结构尺寸

减速器箱体是减速器的重要部件,它承受由传动件工作时传来的力,故应具有足够的刚度,以免受力后产生变形,使轴和轴承发生偏斜。减速器箱体形状复杂,大多采用铸造箱体,一般采用牌号为 HT150 和 HT200 的铸铁铸造。受冲击重载的减速器可用高强度铸铁或铸钢 ZG55 铸造。单件小批量生产时,箱体也可用钢板焊接而成,其质量较轻,但箱体焊接时容易产生变形,故对技术要求较高,在焊接后应进行退火处理,以消除内应力。

减速器箱体广泛采用剖分式结构,其剖分面大多平行于箱体底面,且与各轴线重合。

箱体设计的主要要求是,有足够的刚度,能满足密封、润滑及散热条件的要求,有较好的工艺性等。由于箱体的强度和刚度计算很复杂,其各部分尺寸一般按经验公式来确定。详见图 8-3 和表 8-6～表 8-10。

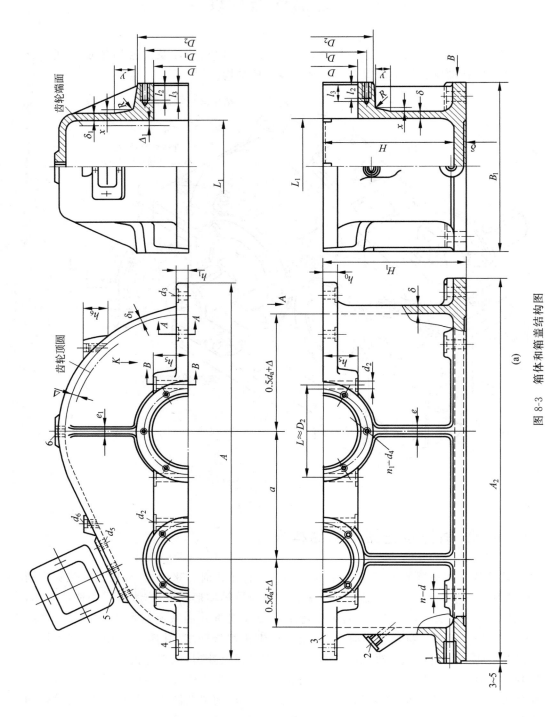

图 8-3　箱体和箱盖结构图

(a) 齿轮减速器箱体结构尺寸；(b) 蜗轮蜗杆减速器箱体结构尺寸；(c) 图 8-3(a) 和图 8-3(b) 的局部剖视图

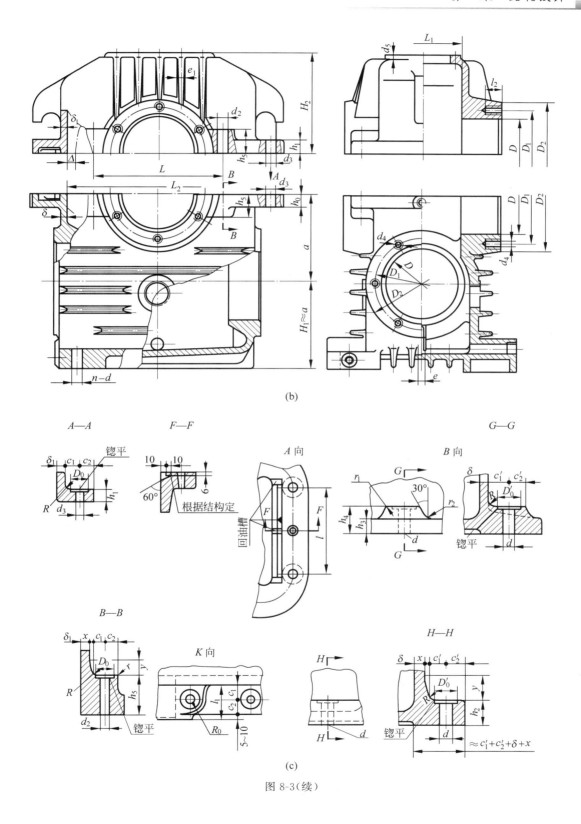

(b)

(c)

图 8-3（续）

表 8-6　齿轮、蜗杆减速器箱体尺寸

名　称	代号	尺　寸			备注
		齿轮减速器箱体	蜗杆减速器箱体		
底座壁厚	δ	$0.025a+1 \geqslant 8$	$0.04a+(2\sim3) \geqslant 8$		
箱盖壁厚	δ_1	$(0.8\sim0.85)\delta \geqslant 8$	蜗杆上置式	$\delta_1=\delta$	
			蜗杆下置式	$(0.8\sim0.85)\delta \geqslant 8$	
底座上部凸缘厚度	h_0	$(1.5\sim1.75)\delta$			a 值为中心距
箱盖凸缘厚度	h_1	$(1.5\sim1.75)\delta_1$	$(1.5\sim1.75)\delta_1$		
底座下部凸缘厚度	h_2	平耳座	$(2.25\sim2.75)\delta$		
	h_3	凸耳座	1.5δ		
	h_4		$(1.75\sim2)h_3$		
轴承座连接螺栓凸缘厚度	h_5	$3\sim4$ 倍的轴承座连接螺栓孔径			或根据结构确定
吊环螺钉座凸缘高度	h_6	吊环螺钉孔深＋$(10\sim15)$			
底座加强肋厚度	e	$(0.8\sim1)\delta$			
箱盖加强肋厚度	e_1	$(0.8\sim0.85)\delta_1$	$(0.8\sim0.85)\delta$		
地脚螺栓直径	d	$(1.5\sim2)\delta$ 或根据表 8-9 确定			
地脚螺栓数目	n	根据表 8-9 确定			
轴承座连接螺栓直径	d_1	$0.75d$			
底座与箱盖连接螺栓直径	d_2	$(0.5\sim0.6)d$			
轴承盖固定螺钉直径	d_3	$(0.4\sim0.5)d$ 或根据表 8-10 确定			
视孔盖固定螺钉直径	d_4	$(0.3\sim0.4)d$			
吊环螺钉直径	d_5	$0.8d$			或按减速器质量确定
轴承盖螺钉分布圆直径	D_1	$D+2.5d_3$			D 为轴承外径
轴承座凸缘端面直径	D_2	$D_2+2.5d_3$			
螺栓孔凸缘的配置尺寸	c_1、c_2、D_0	按表 8-7 确定			
地脚螺栓孔凸缘的配置尺寸	c_1'、c_2'、D_0'	按表 8-8 确定			

名称	代号	凸缘壁厚 h	x	y	R	备注
铸造壁相交部分的尺寸	x、y、R	$10\sim15$	3	15	5	见图 8-3(c)
		$15\sim20$	4	20	5	
		$20\sim25$	2	25	5	

名称	代号	尺寸	备注
箱体内壁与齿顶圆的距离	Δ	$\geqslant1.2\delta$	
箱体内壁与齿轮端面的距离	Δ_1	$\geqslant\delta$	

续表

名　称	代号	尺　寸　齿轮减速器箱体	尺　寸　蜗杆减速器箱体	备注
底座深度	H	$0.5d_a+(30\sim50)$		d_a 为齿顶圆直径
底座高度	H_1	$H_1\approx a$		多级减速器 $H_1\approx a_{max}$
箱盖高度	H_2	$\geqslant\dfrac{d_{a2}}{2}+\Delta+\delta_2$		d_{a2} 为蜗轮最大直径
连接螺栓 d_3 的间距	l	对一般中小型减速器：$150\sim200$		
外箱壁至轴承座端面距离	l_1	$c_1+c_2+(5\sim10)$		
轴承盖固定螺钉孔深度	l_2	按一般螺纹连接的技术规范		
	l_3			
轴承座连接螺栓间的距离	L	$L\approx D_2$		
箱体内壁横向宽度	L_1	按结构确定，$L_1\approx D$		
其他圆角	R_0、r_1、r_2	$R_0=c_2$；$r_1=0.25h_3$；$r_2=h_3$		

　　注：①箱体材料为灰铸铁；②对于焊接的减速器箱体，其参数可参考本表，但壁厚可减少$30\%\sim40\%$；③本表所列尺寸关系同样适合于带有散热片的蜗轮减速器，散热片的尺寸按下列经验公式确定：

$h_7=(4\sim5)\delta$

$e_2=\delta$

$r_3=0.5\delta$

$r_4=0.25\delta$

$b=2\delta$

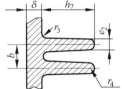

表 8-7　凸缘螺栓孔的配置尺寸

单位：mm

代号	M6	M8	M10	M12	M16	M20	M22 M24	M27	M30
c_{1min}	12	15	18	22	26	30	36	40	42
c_{2min}	10	13	14	18	21	26	30	34	36
D_0	15	20	25	30	40	45	48	55	60

表 8-8　减速器地脚螺栓孔凸缘配置尺寸

单位：mm

符号	M14	M16	M20	M22 M24	M27	M30	M36	M42	M48	M56
c'_{1min}	22	25	30	35	42	50	55	60	70	95
c'_{2min}	22	23	25	32	40	50	55	60	70	95
D'_0	42	45	48	60	70	85	100	110	130	170

表 8-9 地脚螺栓尺寸

中心距 a/mm	螺栓直径 d	螺栓数目 n/个	中心距 a/mm	螺栓直径 d	螺栓数目 n/个
100	M16	4	350	M24	6
150	M16	6	400	M30	6
200	M16	6	450	M30	6
250	M20	6	500	M36	6
300	M24	6			

表 8-10 轴承盖固定螺钉直径及数目

轴承孔的直径 D/mm	螺钉直径 d_4/mm	螺钉数目/个
45～65	8	4
70～80	10	4
85～100	10	6
110～140	12	6
150～230	16	6
230 以上	20	8

8.3.2 减速器附件结构设计

为了保证减速器正常工作和具备完善的性能,如检查传动件的啮合情况、注油、排油、通气和便于安装、吊运等,减速器箱体上常设置某些必要的装置和零件,这些装置和零件及箱体上相应的局部结构统称为附件(见图 8-2～图 8-12)。现将附件作用和原理叙述如下。

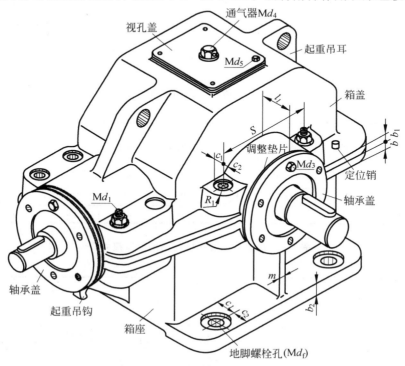

图 8-4 单级圆锥齿轮减速器

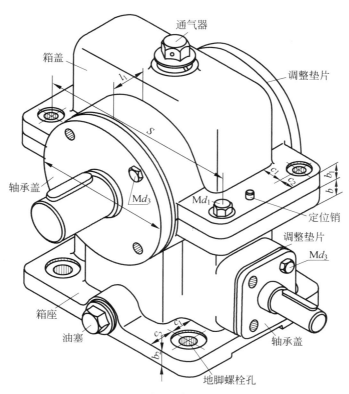

图 8-5　单级蜗轮蜗杆减速器

1. 窥视孔和视孔盖

窥视孔应开在箱盖顶部,以便于观察传动零件啮合区的情况,可由孔注入润滑油,孔的尺寸应足够大,以便检查操作,应设计凸台(图 8-6)。

视孔盖可用铸铁、钢板或有机玻璃制成。孔与盖之间应加密封垫片,其尺寸见附表 12-1。

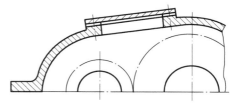

图 8-6　窥视孔和视孔盖

2. 油标

油标用来指示油面高度,一般安置在低速级附近的油面稳定处。油标有油标尺、管状油标、圆形油标等。常用带有螺纹部分的油标尺(图 8-7(a))。油标尺的安装位置不能太低,以防油溢出。座孔的倾斜位置要保证油标尺便于插入和取出,其视图投影关系如图 8-7(b)所示。附表 12-2～附表 12-5 列出了多种油标的尺寸。

3. 放油孔和螺塞

放油孔应在油池最低处,箱底面有一定斜度(1∶100),便于放油。孔座应设凸台,螺塞与凸台之间应有油圈密封(图 8-8)。螺塞的尺寸见附表 12-6 和附表 12-7。

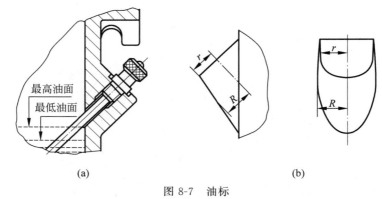

(a)   (b)

图 8-7　油标

（a）油标尺；（b）油标尺座孔的投影关系

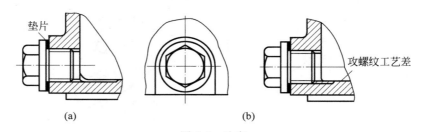

(a)   (b)

图 8-8　油塞

（a）油塞结构；（b）在未加工的底座制螺纹，工艺差

4．通气器

通气器能使箱内热涨的气体排出，以便箱内外气压平衡，避免密封处渗漏。一般安放在箱盖顶部或视孔盖上，要求不高时，可用简易的通气器（图 8-9 为通气塞）。通气塞、通气罩、通气帽尺寸见附表 12-8～附表 12-10。

5．起吊装置

起吊装置用于拆卸和搬运减速器，包括吊环螺钉、吊耳和吊钩。吊环螺钉或吊耳用于起吊箱盖，设计在箱盖两端的对称面上。吊环螺钉是标准件（图 8-10），其尺寸可参阅附表 4-8，设计时应有加工凸台，需机加工。吊耳在箱盖上直接铸出。

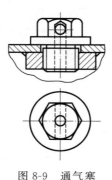

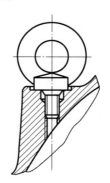

图 8-9　通气塞　 　图 8-10　吊环螺钉

吊钩用于吊运整台减速器,在箱座两端的凸缘下面铸出。吊耳和吊钩尺寸见附表 12-11。

6. 定位销

定位销用来保证箱盖与箱座连接螺栓及轴承座孔的加工和装配精度。安置在连接凸缘上,距离较远且不对称布置,以提高定位精度。一般用两个圆锥销,其直径尺寸见附表 5-3,长度要大于连接凸缘的总厚度,以便于装拆(图 8-11)。

7. 起盖螺钉

在拆卸箱体时,起盖螺钉用于顶起箱盖。它安置在箱盖凸缘上,其长度应大于箱盖连接凸缘的厚度,下端部做成半球形或圆柱形,以免损坏螺纹(图 8-12)。

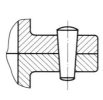
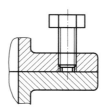

图 8-11　定位销　　　　图 8-12　起盖螺钉

8. 轴承盖

轴承盖是用来对轴承部件进行轴向固定和承受轴向载荷的零件,并起到密封的作用。轴承盖有嵌入式和凸缘式两种,前者结构简单,尺寸较小,且安装后箱体外表比较平整美观,但密封性能较差,不便于调整,故多适合于成批生产。轴承盖结构尺寸见附表 12-12～附表 12-14。

8.4　减速器箱体和附件设计的错误示例分析

减速器设计中的常见错误示例如表 8-11～表 8-13 所示。

表 8-11　箱体轴承座部位设计的错误示例

错误图例	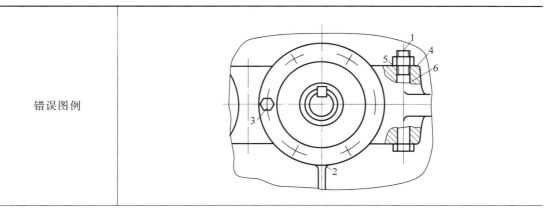

	错误编号	说 明
错误分析	1	连接螺栓距轴承座中心较远,不利于提高连接刚度
	2	轴承座及加强肋设计未考虑拔模斜度
	3	轴承盖螺钉不能设计在剖分面上
	4	螺母支承面处应设加工凸台或鱼眼坑
	5	螺栓连接应考虑防松
	6	普通螺栓连接时应留有间隙
正确图例		

表 8-12 箱体设计中的错误示例分析

错误编号	错误图例	错误分析	正确图例	说 明
1		加工面高度不同,加工较麻烦		加工面设计成同一高度,可一次进行加工
2		装拆空间不够,不便甚至不能装配		保证螺栓必要的装拆空间
3		壁厚不均匀,易出现缩孔		壁厚减薄加肋

续表

错误编号	错 误 图 例	错 误 分 析	正 确 图 例	说　明
4	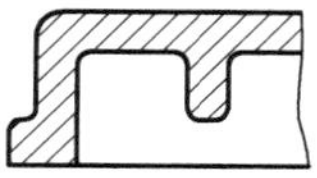	内外壁无拔模斜度	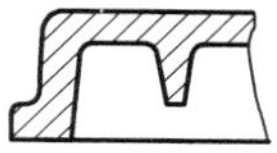	内外壁有拔模斜度
5	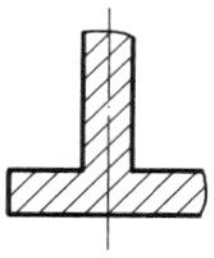	铸件壁厚急剧变化		铸件壁厚应逐渐过渡

表 8-13　减速器附件设计的错误示例

附件名称	错 误 图 例	错 误 分 析	正 确 图 例
油标	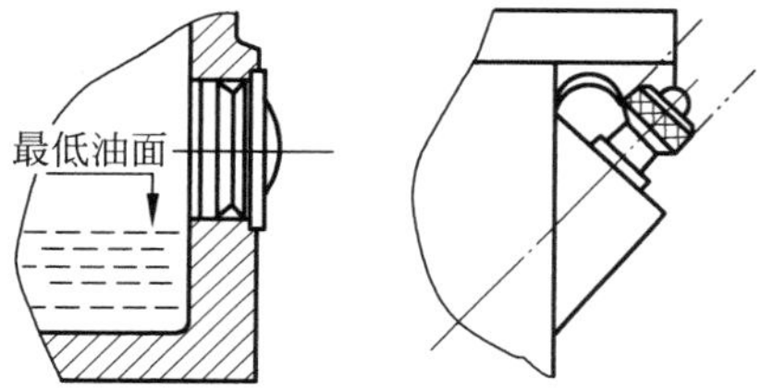 　最低油面 (a) 圆形油标　　(b) 杆形油标	圆形油标安放位置偏高,无法显示最低油面;杆形油标(油标尺)位置不妥,油标插入、取出时与箱座的凸缘产生干涉	油标的正确设计参见 8.3.2 节和图 8-7
放油孔及油塞	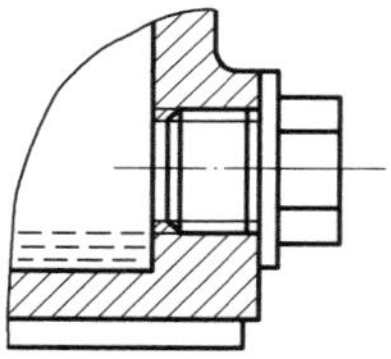	放油孔的位置偏高,使箱内的机油放不干净;油塞与箱座的结合处未设计密封件	放油孔及油塞的正确设计图例如图 8-8 所示
窥视孔及视孔盖	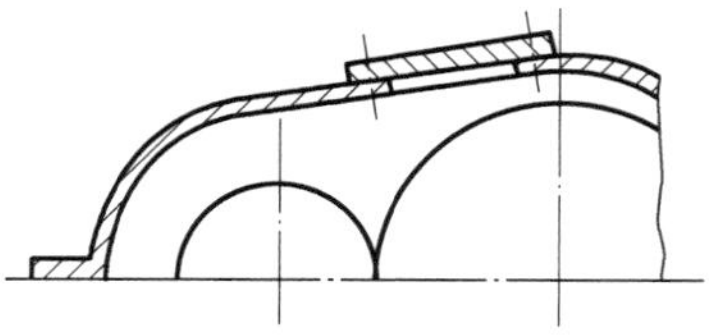	窥视孔的位置偏上,不利于窥视啮合区的情况;窥视孔盖与箱盖的结合处未设计加工凸台,未考虑密封	窥视孔及窥视孔盖的正确设计图例如图 8-6 所示
定位销	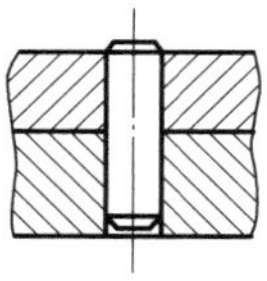	销的长度太短,不利于拆卸,且无锥度	定位销的正确设计图例如图 8-11 所示
起盖螺钉	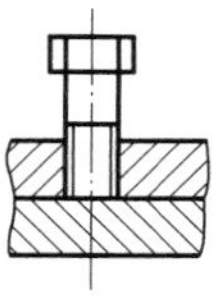	螺纹的长度不够,无法顶起箱盖;螺钉的端部不宜采用平端结构	起盖螺钉的正确设计图例如图 8-12 所示

第 9 章

设计图和设计说明书

9.1 概　　述

设计图包括减速器装配图和零件图。减速器装配图表达了减速器的工作原理和装配关系，也表示出各零件间的相互位置、尺寸及结构形状。减速器装配图是绘制零件工作图、部件组装图，进行减速器的装配、调试及维护等的技术依据。设计减速器装配图时要综合考虑工作条件、材料、强度、磨损、加工、装拆、调整、润滑及经济性等因素，并要用足够的视图表达清楚。零件工作图是零件加工、检验和制订工艺规程的主要技术文件，它既要考虑该零件的设计要求，又要考虑制造的可能性及合理性。因此，零件工作图应包括制造和检验零件所需的全部内容，如图形、尺寸及其公差、表面粗糙度、形位公差、材料、热处理及其他技术要求、标题栏等。

9.2 装　　配　　图

9.2.1 装配工作图设计的准备

（1）阅读有关资料，拆装减速器，了解各零件的功能、类型和结构。

（2）分析并初步考虑减速器的结构设计方案，包括传动件结构、轴系结构、轴承类型、轴承组合结构、轴承端盖结构（嵌入式或凸缘式）、箱体结构（剖分式或整体式）及润滑和密封方案，并考虑各零件的材料加工和装配方法。

（3）检查已确定的各传动零件及联轴器的规格、型号、尺寸及参数。

（4）在绘制装配图前，必须选择图纸幅面、绘图比例及图面布置。由于条件限制，装配图一般用 A1 图纸，应符合机械制图标准，选用合适的比例绘图。装配图一般采用三视图表示，考虑留出技术特性、技术要求、标题栏及明细表等位置，图面布置要合理。

9.2.2 绘制装配工作图的草图

装配草图的设计包括绘图、结构设计和计算，通常需要采用边绘图、边计算、边修改的方法。在绘图时先画主要零件(传动零件、轴和轴承)，后画次要零件。由箱内零件画起，逐步向外画，内外兼顾，而且先画零件的中心线和轮廓线，后画细部结构。画图时以一个视图为主(一般用俯视图)，兼顾其他视图。

1. 画出齿轮轮廓和箱体内壁线

在主视图上画出齿轮中心线、齿顶圆和节圆。在俯视图上按齿宽和齿顶圆画出齿轮的轮廓。按小齿轮端面和箱体的内壁之间的距离 $\Delta_1 \geqslant \delta$（壁厚），画出沿箱体长度方向的两条内壁线；再按大齿轮齿顶圆与箱体内壁之间的距离 $\Delta \geqslant 1.2\delta$，画出沿箱体宽度方向大齿轮一侧的内壁线。而小齿轮一侧的内壁线暂不画，待完成装配草图设计时，再由主视图上箱体结构的投影画出（图 9-1）。

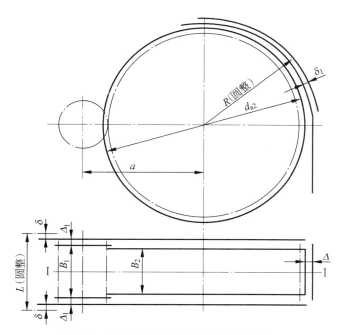

图 9-1　单级圆柱齿轮减速器装配草图(1)

2. 轴的结构设计

根据 7.2 节初步估算的轴径，进行轴的结构设计。轴的结构设计方法已在"机械设计"课程中讲述，这里不再重复。

3. 确定轴承位置和轴承座端面位置

滚动轴承在轴承座孔中的位置与其润滑方式有关。当浸油齿轮圆周速度 $v \leqslant 2\mathrm{m/s}$ 时，轴承采用润滑脂润滑；当 $v \geqslant 2\mathrm{m/s}$ 时，采用润滑油润滑，利用齿轮传动进行飞溅式润滑，把箱内的润滑油直接溅入轴承或经箱体剖分面上的油沟流入轴承进行润滑的。如果轴承采用脂润滑，则轴承内侧端面与箱体内壁之间的距离大一些，一般可取 $10\sim15\mathrm{mm}$，以便安装挡油环，防止润滑脂外流和箱内润滑油进入轴承而带走润滑脂；如果轴承用油润滑，则轴承内侧端面与箱体内壁之间的距离小一些，一般可取 $3\sim5\mathrm{mm}$（图 9-2）。这样，就可画出轴承的外轮廓线。

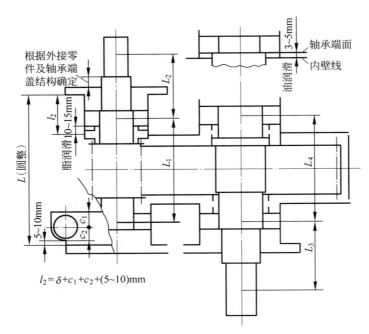

图 9-2　单级圆柱齿轮减速器装配草图(2)

轴承座孔的宽度是由箱体内壁线到轴承座孔外端面之间的距离,它取决于轴承旁螺栓 d_2 所要求的扳手空间尺寸 c_1 和 c_2(表 8-7),再考虑要外凸 5~10mm,以便于轴承座孔外端面的切削加工,于是,轴承座孔的宽度 $l_2 = \delta + c_1 + c_2 + (5\sim10)$mm。由此,可画出轴承座孔的端面轮廓线。再算出凸缘式轴承盖的厚度 t,就可画出轴承盖的轮廓线(图 9-2)。

4. 确定轴的轴向尺寸

阶梯轴各轴段的长度,由轴上安装零件的轮毂宽度、轴承的孔宽及其他结构要求来确定。在确定轴向长度时应考虑轴上零件在轴上的可靠定位及固定,例如,当零件一端已经定位,另一端用其他零件定位时,轴端面应缩进零件轮毂孔内 1~2mm,使轴段长度稍短于轮毂长度。当用平键连接时,一般平键的长度比轮毂短 5~8mm,键的位置应偏向轮毂装入侧一端,以使装配时轮毂键槽易于对准平键。当同一轴上有多个键时,应使键布置的方位一致,以便于轴上键槽的加工。

轴的外伸段长度应考虑外接零件和轴承盖螺钉的装拆要求。当轴端安装弹性套柱销联轴器时,必须留有装配尺寸。当用凸缘式轴承盖时,轴的外伸长度须考虑装拆轴承盖螺钉的足够长度,以便拆卸轴承盖。一般情况可取外伸段长度为 15~20mm。

按上述步骤绘出的装配草图(图 9-2),从图上可确定轴上零件受力点的位置和轴承支点间的距离 L_1、L_2、L_3、L_4。

5. 轴、轴承和键连接的校核计算

轴、轴承和键连接的校核计算可参照《机械设计教程——理论、方法与标准》中相应的计算公式。

9.2.3 设计和绘制减速器轴承零部件

1．设计轴承盖的结构

轴承盖有螺钉固定式(凸缘式)和嵌入式两种,选择其中一种,查附表 12-12 和附表 12-13
算出结构尺寸,并画出轴承盖(闷盖或透盖)的具体结构。

为了调整轴承间隙,在凸缘式轴承盖与箱体之间或嵌入式轴承盖与轴承外圈端面之间,
放置由几个薄片组成的调整垫片(图 9-3)。

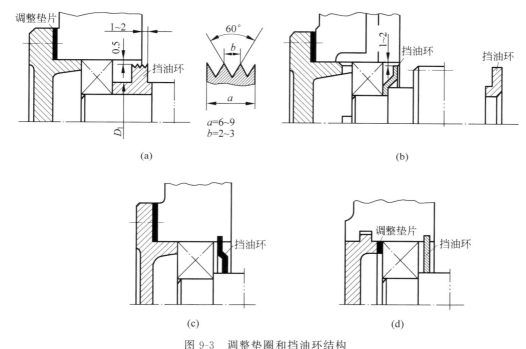

图 9-3 调整垫圈和挡油环结构

(a)挡油环形式 1；(b)挡油环形式 2；(c)挡油环形式 3；(d)挡油环形式 4

2．选择轴承的密封方式

为防止外界的灰尘、杂质渗入轴承内,并防止轴承内的润滑剂外漏,应在轴外伸端的轴
承透盖内安装密封件。可查阅附录 9,选择合适的结构型式,并画出具体结构。

3．设计挡油环

挡油环有两种：一种是旋转式挡油环,装在轴上,具有离心甩油作用；另一种是固定式
挡油环,装在箱体轴承座孔内,不转动。挡油环可车削成型和钢板冲压成型,其结构如图 9-3
所示。

4．设计轴承的组合结构

关于轴承的组合结构设计在第 7 章已有详细讲述,这里不再重复。图 9-4 是完成这一
阶段工作的装配草图。

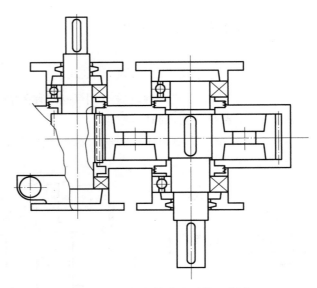

图 9-4 单级圆柱齿轮减速器装配草图(3)

9.2.4 设计和绘制减速器箱体及附件的结构

1. 设计箱体的结构

箱体的结构设计要注意以下几个问题。

1) 设计轴承旁螺栓凸台

为了增大剖分式箱体轴承座的刚度,座孔两侧的连接螺栓距离应尽量靠近,但不能与轴承盖螺钉孔和油沟互相干涉。因此,轴承座孔附近应做出凸台,凸台高度 h 要保证有足够的扳手空间。如图 9-5 所示,设计凸台时,首先在主视图上画出轴承盖的外径 D_2,然后在最大轴承盖一侧取螺栓间距 $s \approx D_2$,从而确定轴承旁螺栓的中心线位置,再由表 8-7 得出扳手空间尺寸 c_1 和 c_2,在满足 c_1 的条件下,用作图法确定凸台的高度 h,再由 c_2 确定凸台宽度。为便于加工,箱体上各轴承旁的凸台高度应相同。凸台侧面锥度一般取 $1:20$。

画凸台结构时,应注意三个视图的投影关系,当凸台位于箱盖圆弧轮廓之内时,如图 9-6(a)所示;当凸台位于箱盖圆弧轮廓之外时,如图 9-6(b)所示。

2) 设计箱盖外表面轮廓

采用圆弧-直线造型的箱盖时,先画在大齿轮一侧的圆弧。以轴心为圆心,以 $R = \dfrac{d_{a2}}{2} + \Delta + \delta_1$ 为半径(式中 d_{a2} 为大齿轮的齿顶圆直径,其余符号的含义见表 8-6),画出的圆弧为箱盖部分轮廓(图 9-1)。一般轴承旁螺栓的凸台都在箱盖圆弧的内侧。小齿轮一侧的圆弧半径

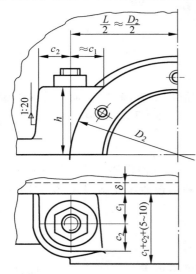

图 9-5 轴承旁螺栓凸台

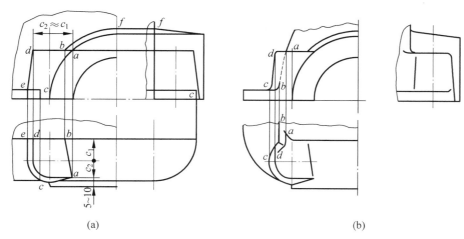

图 9-6　确定小齿轮一侧箱盖圆弧及凸台的投影关系

（a）结构 1；（b）结构 2

通常不能用公式计算,要根据具体结构由作图确定。当大小齿轮各一侧的圆弧画出后,一般作直线与两圆弧相切(注意箱盖内壁线不得与齿顶圆干涉),则得箱盖外表面轮廓。再把有关部分投影到俯视图,就可画出箱体的内壁线、外壁线和凸缘等结构(图 9-7)。

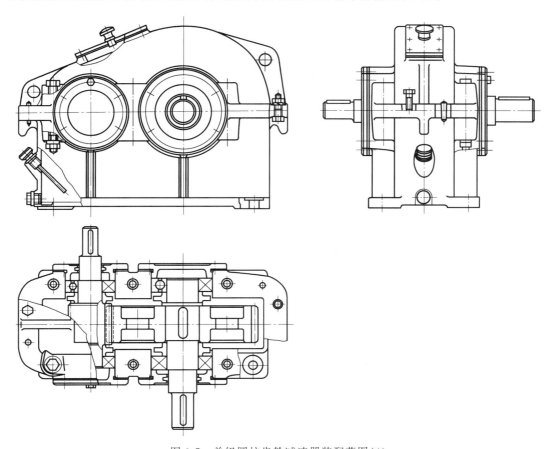

图 9-7　单级圆柱齿轮减速器装配草图(4)

3) 设计箱体凸缘

为保证箱体的刚度,箱盖与箱座的连接凸缘及箱座底面凸缘应适当取厚些(其值见表 8-6)。为保证密封,凸缘要有足够的宽度,由箱体外壁至凸缘端面的距离为 $c_1 + c_2$(见表 8-7)。箱座底面凸缘宽度 B 应超过箱座的内壁(图 9-8)。

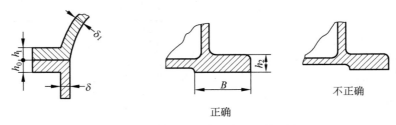

图 9-8 箱体连接凸缘及底座凸缘厚度

箱盖与箱座连接凸缘的螺栓组布置应使其间距不要过大,一般为 150～200mm,并要均匀布置。

4) 确定箱座高度

箱内齿轮转动时,为了避免油搅动时沉渣搅起,齿顶到油池底面的距离 $H_2 \geqslant 30 \sim 50$mm,如图 9-9 所示,由此确定箱座的高度 $H_1 \geqslant \dfrac{d_{a2}}{2} + H_2 + \delta + (5 \sim 10)$mm($\delta$ 为箱座壁厚)。

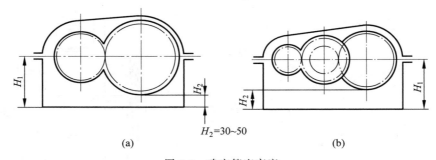

图 9-9 确定箱座高度

(a)单级减速器;(b)两级减速器

传动零件的浸油深度,对于圆柱齿轮,最低油面应浸到一个齿高 h(不得小于 10mm),对于多级传动,高速级大齿轮浸油深度为 h 时,低速级大齿轮浸油深度会更深些,但不得超过(1/6～1/3)分度圆半径,以免搅油损失过大。最高油面一般较最低油面高出约 10mm。

5) 设计输油沟

当轴承采用箱体内的油润滑时,应在剖分面箱座的凸缘上开设输油沟,使飞溅到箱盖内壁上的油经油沟流入轴承。输油沟有铣制和铸造油沟的形式,设计时应使箱盖斜口处的油能顺利流入油沟,并经轴承盖的缺口流入轴承(图 9-10)。

6) 箱体结构的加工工艺性

铸造工艺方面的要求是箱体形状力求简单、易于造型和拔模、壁厚均匀、过渡平缓、金属不要局部积聚等。

机械加工方面应尽量减少加工面积,以提高生产率和减少刀具的磨损;应尽量减少工件和刀具的调整次数,以提高加工精度和省时,例如,同一轴上的两个轴承座孔应尽量直径

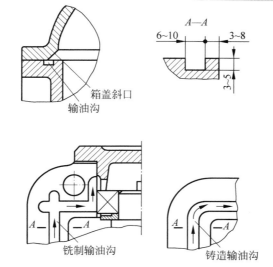

图 9-10　输油沟的形式和尺寸

相同,各轴承座端面都应在同一平面上;严格分开加工面和非加工面;螺栓头部和螺母的支承面要铣平或锪平,应设计出凸台或沉头座等。

2. 设计减速器附件的结构

箱体及其附件设计完成后,装配草图如图 9-7 所示。最后对装配草图需要进行仔细检查,检查的顺序是由主要零件到次要零件,先箱体内部后箱体外部,检查后修改草图中的设计错误。

9.2.5　标注主要尺寸与配合

1. 装配工作图上应标注的尺寸

(1)特性尺寸。齿轮传动的中心距及其偏差。

(2)配合尺寸。主要零件的配合处都应标出配合尺寸、配合性质和精度等级,如传动零件与轴的配合、轴与轴承的配合、轴承与轴承座孔的配合等。减速器主要零件的荐用配合如表 9-1 所示。

表 9-1　减速器主要零件的荐用配合

配 合 零 件	适 用 特 性	荐 用 配 合	装 拆 方 法
传动零件与轴联轴器与轴	重载、冲击、轴向力大	$\dfrac{H7}{s6}$; $\dfrac{H7}{r6}$	用压力机
	一般情况	$\dfrac{H7}{r6}$; $\dfrac{H7}{k6}$	
	要求对中性良好和很少装拆	$\dfrac{H7}{n6}$	
	经常装拆	$\dfrac{H7}{m6}$; $\dfrac{H7}{k6}$	用手锤打入

续表

配 合 零 件	适 用 特 性	荐 用 配 合	装 拆 方 法
滚动轴承内圈与轴(内圈旋转)	轻负荷	j6；k6	用温差法或压力机
	中等负荷	k6；m6；n6	
	重负荷	n6；p6；r6	
滚动轴承外圈与轴承座孔(外圈不旋转)		H7；J7	用木锤或徒手装拆
轴承套圈与座孔		$\dfrac{H7}{h6}$；$\dfrac{H7}{js6}$	徒手装拆
轴承盖与座孔		$\dfrac{H7}{h8}$；$\dfrac{H7}{f8}$；$\dfrac{J7}{f7}$	
轴套、挡油环等与轴		$\dfrac{H7}{h6}$；$\dfrac{E8}{js6}$；$\dfrac{E8}{k6}$；$\dfrac{F6}{m6}$	

（3）安装尺寸。如箱体底面尺寸（长和宽），地脚螺栓孔的直径和定位尺寸，减速器的中心高，轴外伸端的配合长度、直径及端面定位尺寸等。

（4）外形尺寸。减速器的总长、总宽和总高。

2. 写出减速器的技术特性

在装配图上的适当位置写出减速器的技术特性，其内容及格式可参考表 9-2。

表 9-2　减速器技术特性

输入功率/ kW	输入转速/ (r/min)	总传动比 i	减速器效率 η	传动特性								
				高速级				低速级				
				$\dfrac{z_2}{z_1}$	i	m_n	β	精度等级	$\dfrac{z_4}{z_3}$	i	m_n	β	精度等级

注：单级齿轮减速器可删去相应的内容。

3. 编写技术要求

装配图上的技术要求是用文字说明在视图上无法表达的关于装配、调整、检验、润滑、维修等方面的内容，主要包括以下几个方面。

1）对零件的要求

装配前所有零件要用煤油或汽油清洗，箱体内壁涂上防侵蚀的涂料。

2）传动侧隙和接触斑点的检查

安装齿轮后，应保证需要的侧隙和齿面接触斑点，其具体数值由传动精度查附表 7-6 有关表格。

可用塞尺或铅丝放进啮合的两齿间隙中，然后测量塞尺或铅丝变形后的厚度以检查传动侧隙。

在主动轮齿面上涂色,将其转动 2～3 周后,观察从动轮齿面的着色情况,由此分析接触区位置及接触面积的大小来检查接触斑点。

3）滚动轴承的轴向间隙要求

当两端固定的轴承结构中采用不可调间隙的轴承(如深沟球轴承)时,在轴承端盖和轴承外圈端面间留有适当的轴向间隙 Δ,一般取 $\Delta = 0.25 \sim 0.40\mathrm{mm}$。

4）对润滑剂的要求

选择润滑剂时,应考虑传动的特点、载荷大小、性质及转速。一般对重载、低速、起动频繁等情况,应选用黏度高、油性和极性好的润滑油。对轻载、高速、间歇工作的传动件可选黏度较低的润滑油。传动零件和轴承所用的润滑剂的选择方法参见附表 9-1、附表 9-2。

5）对密封的要求

在箱体剖分面、各连接面和轴伸出端密封处都不允许漏油。剖分面上允许涂密封胶或水玻璃,但不允许用垫片。轴伸出处密封应涂上润滑脂。

6）对实验的要求

作空载实验正反转各 1h,要求运转平稳、噪声小、连接固定处不得松动。作负载试验时,油池温升不得超过 35℃,轴承温升不得超过 40℃。

7）对外观、包装和运输的要求

箱体表面应涂油漆,对外伸轴及零件应涂油并包装紧密,运输和装卸时不可倒置等。

4. 对零件编号

对零件进行编号可以不分标准件和非标准件,统一编号,也可以把标准件和非标准件分别编号。图上相同的零件或相同的独立组件(如滚动轴承、油标等),只用一个编号。零件编号的表示应符合国家相关的制图标准的规定。

5. 编写零件明细表和标题栏

明细表是减速器所有零件的详细的目录,编写明细表的过程也是最后确定零件材料及标准件的过程。应尽量减少材料和标准件的品种和规格。

6. 检查装配图

装配图画好后,应仔细检查图纸,主要内容如下:

(1) 视图数量是否足够,能否表达减速器的工作原理和装配关系。

(2) 各零件结构是否合理,其加工、装拆、调整、维护、润滑和密封是否可能及简便。

(3) 尺寸标注是否正确,配合和精度的选择是否适当。

(4) 技术特性和技术要求是否完善和正确。

(5) 零件编号是否齐全,有无重复或遗漏,标题栏和明细表各项是否正确。

(6) 图样表达是否符合国家标准。

图纸检查和修改后,待画完零件图再加深描粗。

9.2.6 蜗杆减速器装配图设计特点和步骤

(1) 蜗杆减速器箱体的结构尺寸由表 8-6 的经验公式确定。

（2）为了提高蜗杆刚度，应尽量缩短其支点间的距离，为此，蜗杆轴的轴承座常伸入箱

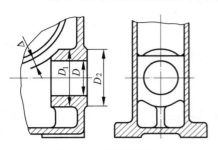

图 9-11 蜗杆轴承座

内（图 9-11），内伸部分的直径 D_1 与轴承盖外径 D_2 相同，内伸部分的长度由轴承外径或套杯外径 D 的大小和位置确定，应使轴承座和蜗轮外径之间的距离 $\Delta \geqslant 15\mathrm{mm}$，可将内伸部分的顶端削去一角。为提高轴承座的刚度，在内伸部分下面设置加强肋。设计轴承座时，其孔径应大于蜗杆的顶圆直径，否则蜗杆无法装入。

（3）蜗杆轴轴承的轴向固定有两种方式：当蜗杆轴较短时（支点距离小于 300mm），可用两端固定的支承结构（图 9-12（a）），按轴向力的大小，选用向心角接触球轴承或圆锥滚子轴承。当蜗杆轴较长时，轴受热膨胀伸长量大，常用一端固定、一端游动的支承结构（图 9-12（b）），固定端一般选在蜗杆轴的非外伸端，并有套杯，便于固定和调整轴承，为便于加工，两个轴承座孔常取相同的直径，因此，游动端也用套杯或选用外径与座孔直径相同的轴承。

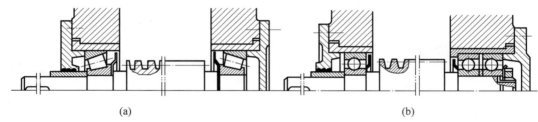

(a)   (b)

图 9-12 蜗杆轴的支承结构
（a）两端固定；（b）一端固定、一端游动

（4）蜗轮轴支点间的距离，由箱体宽度 B 来确定，一般取 $B \approx D_2$（图 9-13（a）），D_2 为轴承盖外径，为提高轴的刚度，缩短支点间的距离，可采用 B 略小于 D_2 的结构（图 9-13（b））。

由于蜗轮轴支点间的距离较短，轴受热伸长量不大，所以其轴承的轴向固定常用两端固定的支承结构。

（5）对下置式蜗杆减速器，采用浸油润滑，蜗杆浸油深度为 $(0.75 \sim 1)h$，h 为蜗杆的全齿高，但不要超过轴承最低滚动体中心，如果由于这种限制而使蜗杆接触不到油面，而蜗杆圆周速度较高时，可在蜗杆轴上装置溅油盘（图 9-14），利用溅油盘飞溅的油来润滑传动件。

对上置式蜗杆减速器，其轴承的润滑较困难，可采用脂润滑或刮油润滑。

（6）蜗杆传动效率低，发热量大，因此，对连续运转的蜗杆减速器，需要进行热平衡计算，当不满足要求时，应增大箱体的散热面积或设置散热片。散热片的结构和尺寸见表 8-6 注③。

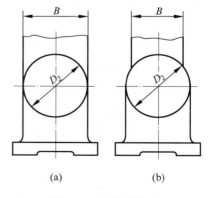

(a)   (b)

图 9-13 箱体的宽度
（a）$B \approx D_2$；（b）$B < D_2$

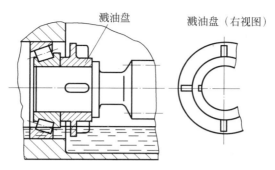

图 9-14 溅油盘结构

（7）单级蜗杆减速器装配草图绘制步骤,如图 9-15～图 9-18 所示。

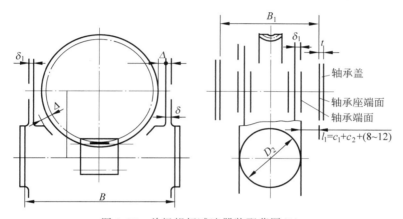

图 9-15 单级蜗杆减速器装配草图(1)

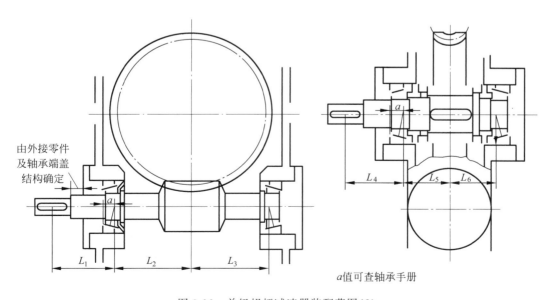

图 9-16 单级蜗杆减速器装配草图(2)

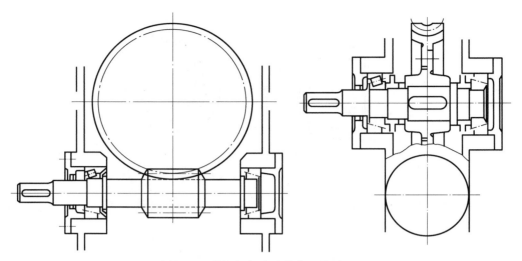

图 9-17　单级蜗杆减速器装配草图(3)

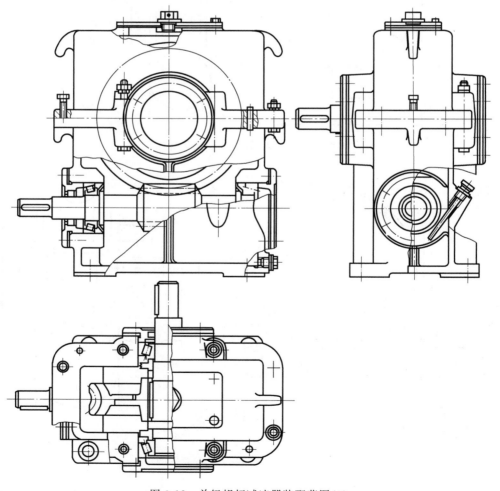

图 9-18　单级蜗杆减速器装配草图(4)

9.3　设计和绘制减速器零件工作图

完成装配图设计后,可根据装配图设计及绘制零件工作图。

9.3.1　零件工作图的尺寸及标注

1. 视图选择

每个零件必须单独绘制在一张标准图幅中,视图选择应符合机械制图的规定,要能清楚地表达零件内、外部的具体结构形状,并使视图的数量最少;如有必要,可放大绘制局部视图。在设计中,应尽量采用1:1的比例。

轴类零件工作图一般只用一个视图,在键槽和孔处,可增加必要的剖面图,对螺纹退刀槽、砂轮越程槽等部位,可绘出局部放大视图。

齿轮类零件工作图一般用两个视图表示,主视图常把齿轮轴线水平横向布置,用全剖视图或半剖视图表达轮齿、轮辐和轮毂等结构,左视(或右视)图主要表达轴孔和键槽的形状和尺寸。对于组合式的蜗轮结构,则应画出齿圈、轮体的零件图及蜗轮的组件图。

在视图中所表达的零件结构形状,应与装配工作图一致,如需改动,装配工作图也要作相应的修改。

2. 尺寸及其偏差的标注

标注尺寸要符合机械制图的规定。尺寸要足够而不多余。同时,标注尺寸应考虑设计要求并便于零件的加工和检验。因此,在设计中应注意以下几点。

(1) 从保证设计要求及便于加工制造出发,正确选择尺寸基准。

(2) 图面上应有供加工测量用的足够尺寸,尽可能避免加工时作任何计算。

(3) 大部分尺寸应尽量集中标注在最能反映零件特征的视图上。

(4) 对配合尺寸及要求精确的几何尺寸(如轴孔配合尺寸、键配合尺寸、箱体孔中心距等)应注出尺寸的极限偏差。

(5) 零件工作图的尺寸应与装配工作图一致。

在设计轴类零件时,应标注好其径向尺寸与轴向尺寸。直径尺寸直接标注在相应的各轴段处,在配合处的直径,应根据装配图已确定的配合代号,标注出直径及其相应的极限偏差。

同一尺寸的几段轴径应逐一标注,不得省略。对圆角、倒角等具体结构尺寸,也不能漏掉(或在技术要求中加以说明),对于轴向尺寸,首先应选好基准面,并尽量使标注的尺寸反映加工工艺及测量的要求,还应注意避免出现封闭的尺寸链。通常使轴中最不重要的一段轴向尺寸作为尺寸的封闭环而不注出。图9-19是轴的主要长度尺寸的标注示例,其主要基准面选择在轴肩Ⅰ—Ⅰ处。它是大齿轮轴向定位面,会影响其他零件的装配位置,图上用 L_1 确定这个位置,然后按加工工艺要求标注其他尺寸,对精度要求较高的轴段,应直接标注长度尺寸,对精度要求不高的轴段,可不直接标注长度尺寸。

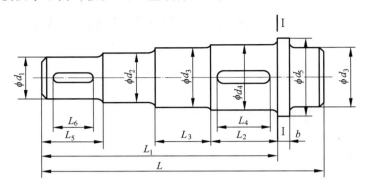

图 9-19　轴的主要长度尺寸的标注

图 9-20 中轴类零件的标注反映了表 9-3 所示的主要加工过程。平面 1 为主要基准,L_2、L_3、L_4、L_5 及 L_7 等尺寸都以平面 1 作为基准注出,则可减少加工误差。标注 L_2 和 L_4是考虑到齿轮固定及轴承定位的可靠性,而 L_3 则和控制轴承支点跨距有关,L_6 涉及开式齿轮的固定,L_8 为次要尺寸,密封段和左轴承的轴段长度误差不影响装配及使用,故作为封闭环,不注尺寸,使加工误差积累在该轴段上,避免了封闭的尺寸链。

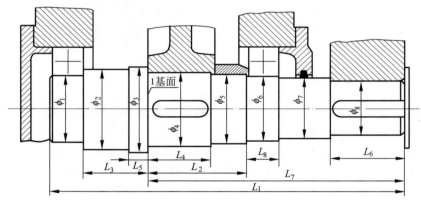

图 9-20　轴类零件标注

表 9-3　轴的车削主要工序过程

工 序 号	工 序 名 称	工 序 草 图	所 需 尺 寸
1	下料,车外圆,车端面,打中心孔		L_1,ϕ_3
2	卡住一头量 L_7,车 ϕ_4		L_7,ϕ_4

续表

工 序 号	工 序 名 称	工 序 草 图	所需尺寸
3	量 L_4，车 ϕ_5		L_4，ϕ_5
4	量 L_2，车 ϕ_6		L_2，ϕ_6
5	量 L_6，车 ϕ_8		L_6，ϕ_8
6	量 L_8，车 ϕ_7		L_8，ϕ_7
7	调头，量 L_5，车 ϕ_2		L_5，ϕ_2
8	量 L_3，车 ϕ_1		L_3，ϕ_1

　　齿轮类零件的轴孔是加工、测量和装配的主要基准。径向尺寸以轴线为基准标出，而轴向尺寸以端面为基准标出。对所有配合尺寸或精度要求较高的尺寸，应标注尺寸偏差。轴孔则是加工、测量和装配的重要基准，尺寸精度要求高，因而要标出尺寸偏差。分度圆直径是设计的基本尺寸，应标出。齿顶圆直径的偏差与该直径是否作测量基准有关，齿轮毛坯公差查附表 7-16。齿根圆是根据齿轮参数加工得到的，在图纸上不必标注。

　　锥齿轮的锥距和锥角是保证啮合的重要尺寸。标注时，锥距应精确到 0.01mm；锥角应精确到分，分度圆锥角则应精确到秒。为了控制锥顶的位置，还应注出基准端面到锥顶的距离。它影响到锥齿轮的啮合精度，因而必须在加工时予以控制。锥齿轮除齿部偏差外，其他必须标注的尺寸及偏差可参见附录 7 的齿轮及蜗杆、蜗轮精度的有关部分。

　　画蜗轮组件图时，应注出齿圈和轮体的配合尺寸、精度及配合性质。

3. 表面粗糙度的标注

　　零件的所有表面(包括非加工的毛坯表面)都应注明表面粗糙度参数值，在常用参数值范围内，推荐优先选用 Ra 参数。如较多表面具有同一粗糙度参数值，则可在图右上角集中标注"其余"字样。

　　表面粗糙度参数值的选择，应根据设计要求确定，在保证正常工作的条件下，应尽量选取较大者,以利于加工。例如,查得齿轮孔荐用表面粗糙度参数值 Ra 为 $3.2 \sim 1.6$,应选用 3.2。

圆柱齿轮荐用的表面粗糙度 Ra 的值可参见附表 7-17。

轴的表面需要加工,应标注各表面的粗糙度。若粗糙度选择过低,则影响配合表面的性质,使零件不能保证工作要求;若选择过高,则会影响加工工艺,使制造成本增加,因此,表面粗糙度的选择要合理,表 9-4 为轴加工表面粗糙度 Ra 的推荐值。

表 9-4 轴加工表面粗糙度 Ra 的荐用值

加 工 表 面		表面粗糙度 Ra		
与传动件及联轴器相配合的表面		$\sqrt{Ra3.2} \sim \sqrt{Ra1.6}$		
与传动件及联轴器相配合的轴肩端面		$\sqrt{Ra6.3} \sim \sqrt{Ra3.2}$		
与 G 级滚动轴承配合的表面		$\sqrt{Ra0.8}$ $(d \leqslant 80mm)$; $\sqrt{Ra1.6}$ $(d > 80mm)$		
与滚动轴承配合的轴肩端面		$\sqrt{Ra1.6}$		
平键键槽		$\sqrt{Ra3.2}$(工作面); $\sqrt{Ra6.3}$(非工作面)		
密封处的表面	密封形式	圆周速度/(m/s)		
		$\leqslant 3$	$>3 \sim 5$	$>5 \sim 10$
	毡圈式	$\sqrt{Ra3.2} \sim \sqrt{Ra1.6}$		
	橡胶油封式	$\sqrt{Ra0.8} \sim \sqrt{Ra1.6}$	$\sqrt{Ra0.8}$	$\sqrt{Ra0.4} \sim \sqrt{Ra0.8}$
	间隙或迷宫式	$\sqrt{Ra6.3} \sim \sqrt{Ra3.2}$		

4. 形位公差的标注

在零件工作图上应标出必要的形位公差,以保证减速器的装配质量及工作性能。它是评定加工质量的重要指标之一。

对轴的配合表面和定位端面,应标注必要的形状和位置公差,以保证装配质量及工作性能,表 9-5、表 9-6 给出了轴类零件及齿轮类零件轮坯的形位公差推荐项目,供设计时参考,形位公差的具体数值可查阅附录 3。

表 9-5 轴的形位公差推荐项目

内容	项 目	符号	精度等级	对工作性能影响
形状公差	与传动零件相配合的直径的圆度	○	7~8	影响传动零件与轴配合的松紧及对中性
	与传动零件相配合的直径的圆柱度	⌖		
	与轴承相配合的直径的圆柱度	⌖	见附录 3 中表 3-7	影响轴承与轴配合松紧及对中性

续表

内容	项　　目	符号	精度等级	对工作性能影响
位置公差	齿轮的定位端面相对轴心线的端面圆跳动	↗	6～8	影响齿轮和轴承的定位及其受载均匀性
	轴承的定位端面相对轴心线的端面圆跳动		见附录 3 中表 3-9	
	与传动零件配合的直径相对于轴心线的径向圆跳动		6～8	影响传动件的运转同心度
	与轴承相配合的直径相对于轴心线的径向圆跳动		5～6	影响轴和轴承的运转同心度
	键槽侧面对轴中心线的对称度（要求不高时可不注）	=	7～9	影响键受载的均匀性及装拆的难易

表 9-6　轮坯位置公差的推荐项目

项　　目	符号	精度等级	对工作性能的影响
圆柱齿轮以顶圆作为测量基准时齿顶圆的径向圆跳动	↗	按齿轮、蜗轮精度等级确定	影响齿厚的测量精度，并在切齿时产生相应的齿圈径向跳动误差
锥齿轮的齿顶圆锥的径向圆跳动；蜗轮外圆的径向圆跳动；蜗杆外圆的径向圆跳动			传动件的加工中心与使用中心不一致，引起分齿不均。同时会使轴心线与机床垂直导轨不平行而引起齿向误差
基准端面对轴线的端面圆跳动	↗		
键槽侧面对孔中心线的对称度	=	7～9	影响键侧面受载的均匀性

　　齿轮的形位公差，还有键槽的两个侧面对中心线的对称度公差，按 7～9 级精度选取，其公差数值查附录 3 中表 3-9。

9.3.2　零件工作图的技术要求

　　凡在零件图上不便用图形或符号表示，而在制造时又必须遵循的要求和条件，可在"技术要求"中注出，它的内容根据不同的零件、不同的加工方法而有所不同，一般包括以下 6 类要求。
　　（1）对材料的机械性能和化学成分的要求。
　　（2）对铸锻件及其他毛坯件的要求，如要求不允许有氧化皮及毛刺等。
　　（3）对零件表面机械性能的要求，如热处理方法及热处理后的表面硬度、淬火深度及渗碳深度等。
　　（4）对加工的要求，如是否要与其他零件一起配合加工（如配钻或配铰）等。
　　（5）对于未注明圆角、倒角说明，个别部位的修饰加工要求，如对某表面要求涂色等。
　　（6）其他特殊要求，如对大型或高速齿轮的平衡试验要求、对长轴的校直要求。
　　例如，轴的零件工作图的技术要求主要有下列内容。
　　（1）对轴的热处理方法和热处理后硬度的要求，淬火及渗碳深度的要求。
　　（2）对加工的要求，如图上未画出中心孔，应注明中心孔类型及代号的要求。如和其他零件一起加工(配钻或配铰等)的要求。

(3) 对图中未注明的圆角、倒角尺寸的要求。

9.3.3 传动件的啮合特性表

在啮合传动件的工作图中应编写啮合特性表,以便选择刀具和检验误差。啮合特性表的主要内容包括齿轮的基本参数(齿数 z、模数 m_n、齿形角 a_n、齿顶高系数 h_a^*、螺旋角 β 及其方向等)、齿轮的精度等级、误差检验项目及具体数值(具体可查附录7)。

齿轮、蜗轮、蜗杆的啮合特性表所注主要参数及误差检验项目可参考图 10-9~图 10-13。齿轮传动和蜗杆传动的精度等级和公差数值见附录7。

技术要求主要有下列内容。

(1) 对铸件、锻件或其他毛坯件的要求,如不允许有毛刺及氧化皮等。

(2) 对齿轮的热处理方法和热处理后硬度的要求,如淬火及渗碳深度的要求。

(3) 对未注明圆角、倒角尺寸的要求。

(4) 其他特殊要求。

9.3.4 零件工作图的技术要求及标题栏

在零件工作图图纸的右下角应画出标题栏,零件图标题栏格式可参考附表1-4。

9.4 编写设计计算说明书

设计计算说明书是设计过程的总结,是图纸设计的理论根据,也是审核设计的技术文件之一,故它是设计工作的一个组成部分。

1. 说明书的内容

编写说明书的主要内容如下所示。

(1) 目录(标题和页码)。

(2) 设计任务书。

(3) 传动装置的总体设计:

① 拟定传动方案;

② 选择电动机;

③ 确定传动装置的总传动比及其分配;

④ 计算传动装置的运动及动力参数。

(4) 设计计算传动零件。

(5) 设计计算箱体的结构尺寸。

(6) 设计计算轴。

(7) 选择滚动轴承及寿命计算。

（8）选择和校核键联接。

（9）选择联轴器。

（10）选择润滑方式、润滑剂牌号及密封件。

（11）设计小结（包括对课程设计的心得、体会、设计的优缺点及改进意见等）。

（12）参考资料（包括资料编号、作者、书名、出版单位和出版年月）。

此外，如果对制造和使用有一些必须加以说明的技术要求，例如装配、拆卸、安装、维护等，也可以写入。

2. 设计计算说明书的书写格式示例

计算说明书采用 A4 纸打印，并应加封面后装订成册。

计算说明书的书写格式如表 9-7 所示。

表 9-7　计算说明书书写格式

计算和说明	结　　果
…… 二、设计计算传动零件 （一）设计计算普通 V 带传动 …… （二）设计计算齿轮传动 1. 选择齿轮类型、材料、精度及参数 2. 按齿面接触疲劳强度设计 按齿面接触疲劳强度设计公式 （1）确定计算参数 …… （2）计算 …… 3. 按齿根弯曲疲劳强度校核 …… 4. 齿轮传动的几何尺寸计算（列表） …… 5. 齿轮结构设计（结构尺寸列表并绘出结构图） ……	齿轮计算公式和有关数据引自［×］第××页～第××页 齿轮基本参数： $z_1 = 23$ $z_2 = 115$ $i = 5$ $m = 2.5$ $a = 175\text{mm}$ ……
……	
七、轴的设计及核验计算 （一）低速轴的计算 结构和受力 　1. 轴上作用载荷 ……………… 　2. 计算轴承支反力 （1）铅垂面内支反力 $$R_{By} = \frac{79 \times 10^{-3} Q + 55 \times 10^{-3} \cdot F_r - M_a}{110 \times 10^{-3}}$$ $$= \frac{79 \times 10^{-3} \times 760 + 55 \times 10^{-3} \times 665 - 10.95}{110 \times 10^{-3}}$$ $$= 779\text{N}$$ ………………………………	$R_{By} = 779\text{N}$

3. 编写计算说明书时应注意的问题

（1）要求用 A4 纸打印，不得用铅笔或彩色笔书写。应注意排版工整、简图正确清楚，文字简练。

（2）计算内容要列出公式，代入数值，写下结果，标明单位。中间运算应省略。

（3）应编写必要的大小标题，附加必需的插图（如轴的受力分析图等）和表格，写出简短结论（如"满足强度要求"等），注明重要公式或数据的来源（参考资料的编号和页次）。

完成计算说明书后即可准备答辩。答辩前，应认真整理和检查全部图纸和计算说明书，并按格式折叠图纸，将图纸与计算书装入文件袋。

答辩前应做好比较系统的、全面的回顾和总结，弄懂设计中的计算、结构等问题，以巩固和提高设计收获。

第10章

项目设计参考图例及设计题目

10.1　课程项目设计参考图例

本章给出了课程设计中的典型设计参考图例，包括装配图和零件图，供参考。

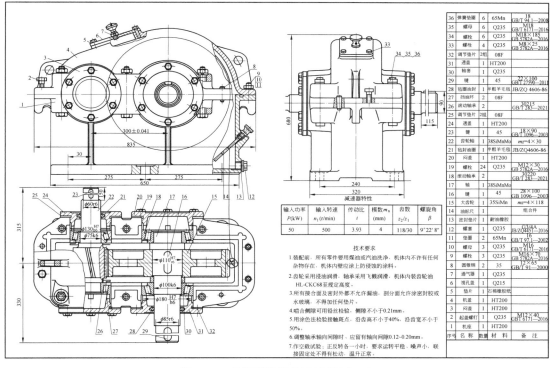

减速器特性

输入功率 P(kW)	输入转速 n_1(r/min)	传动比 i	模数 m_n (mm)	齿数 z_2/z_1	螺旋角 β
50	500	3.93	4	118/30	9°22′8″

技术要求

1. 装配前，所有零件要用煤油或汽油洗净，机体内不许有任何杂物存在，机体内壁应涂上防侵蚀的涂料。
2. 齿轮采用浸油润滑，轴承采用飞溅润滑，机体内装齿轮油 HL-CKC68 至规定高度。
3. 所有接合面及密封外都不允许漏油，剖分面允许涂密封胶或水玻璃，不得加任何垫片。
4. 啮合侧隙可用铅丝检验，侧隙不小于0.21mm。
5. 用涂色法检验接触斑点，沿齿高不小于40%，沿齿宽不小于50%。
6. 调整轴承轴向间隙时，应留有轴向间隙0.12~0.20mm。
7. 作空载试验：正反转各一小时，要求运转平稳、噪声小，联接固定处不得有松动，温升正常。

序号	名称	数量	材料	备注
36	弹簧垫圈	6	65Mn	18 GB/T 94.1—2008
35	螺母	6	Q235	M18 GB/T 6171—2016
34	螺栓	6	Q235	M18×185 GB/T 5782A—2016
33	螺栓	4	Q235	M8×25 GB/T 5782A—2016
32	调节垫片	2组	08F	
31	透盖	1	HT200	
30	轴套	1	Q235	
29	键	1	45	22×100 GB/T 27590—2011
28	毡圈油封	1	半粗羊毛毡	JB/ZQ 4606-86
27	挡油环	2	08F	
26	滚动轴承	2		30215 GB/T 283—2021
25	调节垫片	2组	08F	
24	透盖	1	HT200	
23	键	1	45	18×90 GB/T 1096—2003
22	齿轮轴	1	38SiMnMo	m_z=4×30
21	毡封油圈	1	半粗羊毛毡	JB/ZQ 4606-86
20	闷盖	1	HT200	
19	螺栓	24	Q235	M12×30 GB/T 5782A—2016
18	滚动轴承	2		30220 GB/T 283—2021
17	轴	1	38SiMnMo	
16	键	1	45	28×100 GB/T 1096—2003
15	大齿轮	1	35SiMn	m_z=4×118
14	油标尺	1		组合件
13	密封垫片	1	耐油橡胶	
12	螺塞	1	Q235	G1/4A JB/ZQ4450—2016
11	垫圈	2	65Mn	16 GB/T 97.1—2002
10	螺栓	3	Q235	M16 M16×70 GB/T 5782A—2016
8	圆锥销	2	35	12×65 GB/T 91—2000
7	通气器	1	Q235	
6	视孔盖	1	Q215	
5	垫片	1	石棉橡胶纸	
4	机盖	1	HT200	
3	闷盖	1	HT200	
2	起盖螺钉	1	Q235	M12×40 GB/T 6171—2016
1	机座	1	HT200	

图 10-1　单级圆柱齿轮减速器(之一)

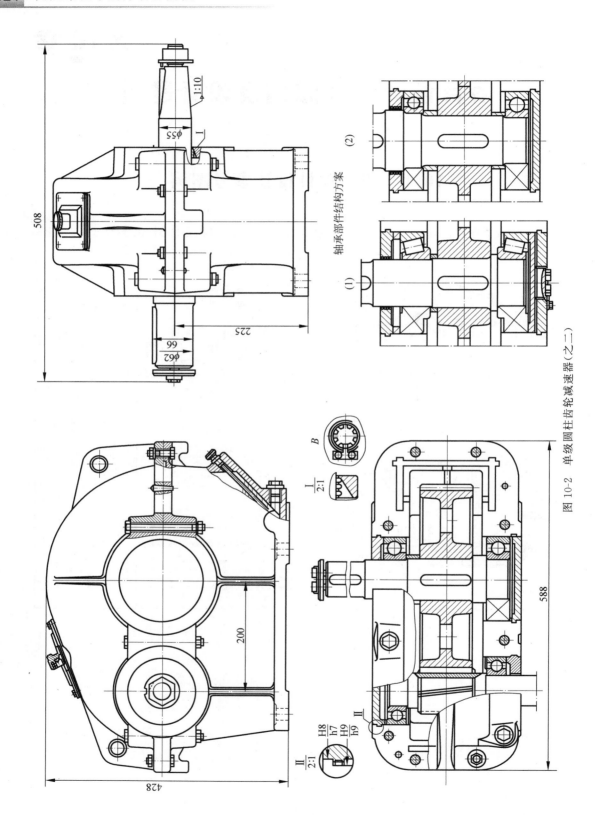

图 10-2 单级圆柱齿轮减速器（之二）

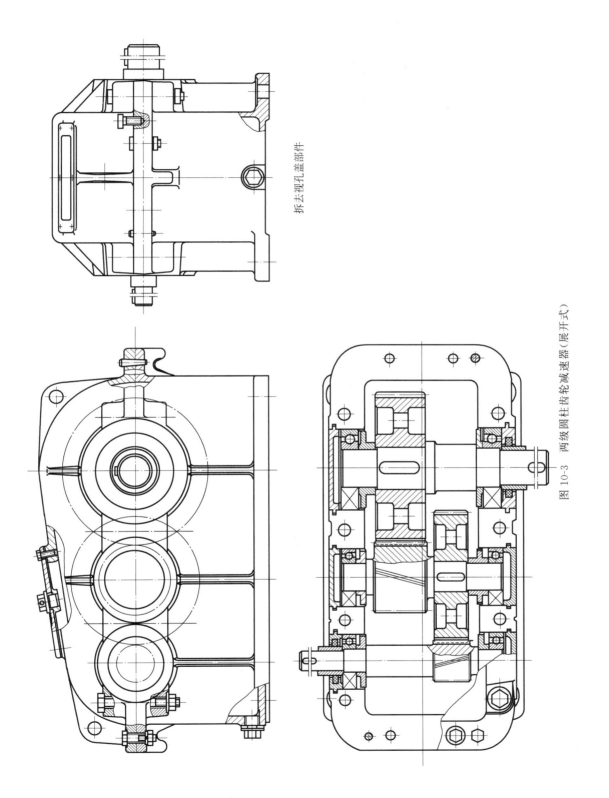

拆去视孔盖部件

图 10-3　两级圆柱齿轮减速器（展开式）

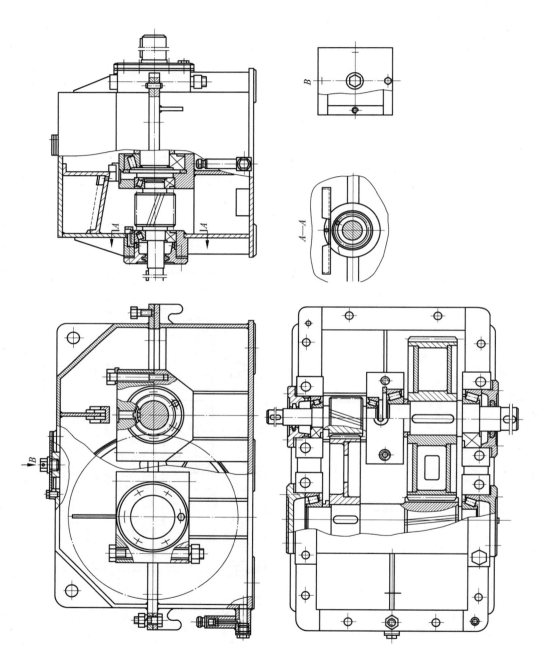

图 10-4 两级圆柱齿轮减速器（同轴式）

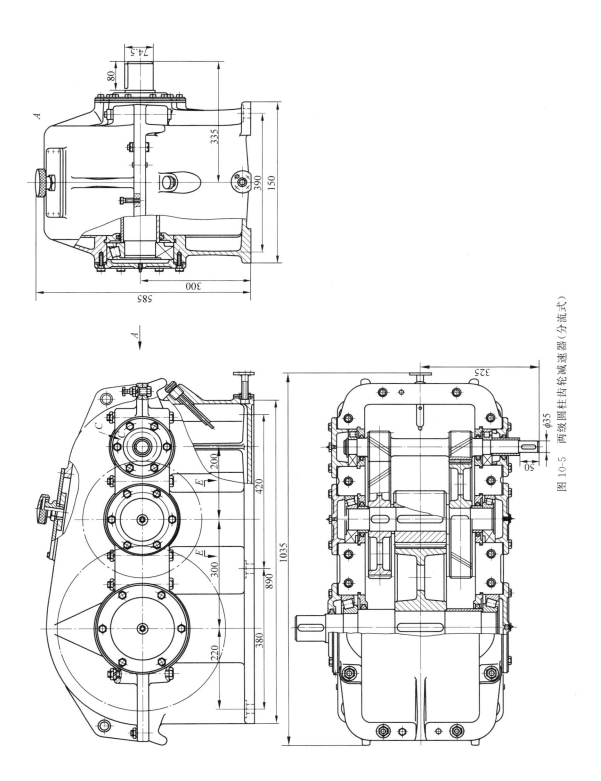

图 10-5 两级圆柱齿轮减速器（分流式）

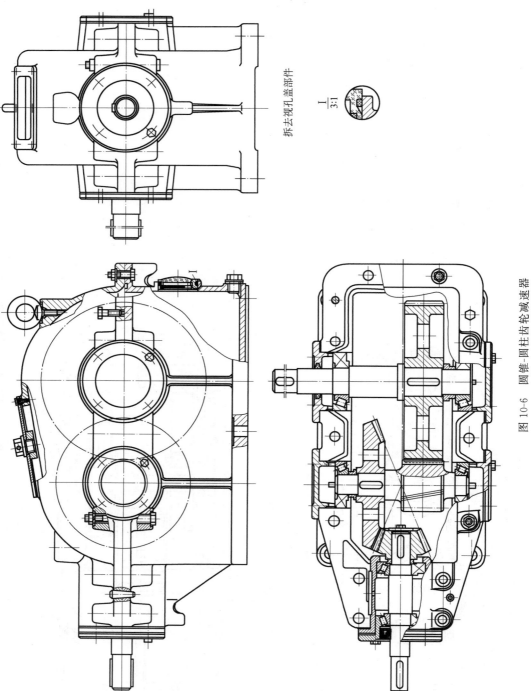

拆去视孔盖部件

$\dfrac{\mathrm{I}}{3:1}$

图 10-6 圆锥-圆柱齿轮减速器

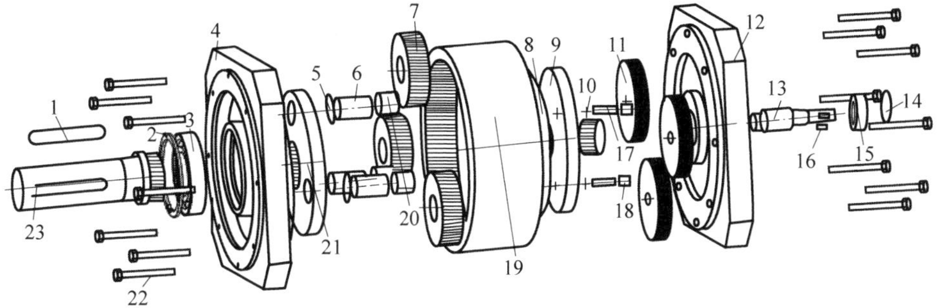

图 10-7　二级行星齿轮减速器爆炸图

序号	名称	数量	材料	备注
11	高速行星轮	1	20Cr Mn Ti	
10	垫圈1	3		
9	高速行星架	1	45钢	
8	垫圈3	1		
7	低速行星轮	3	20Cr Mn Ti	
6	高速行星轮轴	3	40Cr	
5	垫片2	3		
4	输出端盖	1	HT200	
3	深沟球轴承	1		GB/T 276—2013
2	卡簧2	1		
1	圆头平键	1	45钢	
序号	名称	数量	材料	备注

二级行星齿轮减速器

序号	名称	数量	材料	备注
23	输出轴	1	20Cr Mn Ti	
22	六角头螺钉	16		GB/T 5872 M8×80
21	低速行星架	1	45钢	
20	滚针轴承	3		JB/T 7918 K30×35×27
19	内齿轮	1	20Cr Mn Ti	
18	滚针行星轴	3		JB/T 7918 K10×14×13
17	低速行星轮轴	3	40Cr	
16	圆头平键	1		
15	深沟球轴承	1		GB/T 276—2013
14	卡簧1	1		
13	输入轴	1	20Cr Mn Ti	
12	输入端盖	1	HT200	
序号	名称	数量	材料	备注

			比例	1:5
		质量		
		图号		第1页
	标记 处数 更改文件号 签字 日期		共 页	
设计				
校对				
审核				

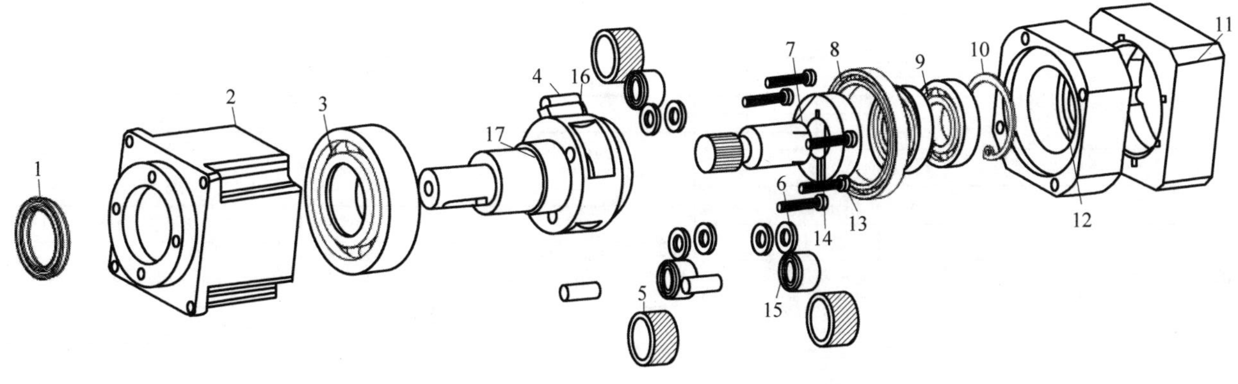

序号	零件名称	数量	材料	规格及标准代号	备注
10	弹性挡圈	1			
9	深沟球轴承	2		GB/T 276—2013	
6	深沟球轴承	1		GB/T 276—2013	
7	中心齿轮轴	1	40Cr		
6	垫片	6			
5	行星轮	3	40Cr		
4	行星轴	3	45钢		
3	深沟球轴承	1		GB/T 276—2013	
2	内齿轮箱体	1	HT200		
1	密封橡胶圈	1			

17	行星架	1	45钢		
16	圆头平键	1			
15	滚针轴承	3		NA 49-6 6×15×10 GB/T 5807—2006	
14	联轴器	1	45钢		
13	六角头螺钉	6		GB/T 5872—2016	
12	法兰2	1	HT200		
11	法兰1	1	HT200		

标记	处数	分区	更改文件号	签名	年、月、日	微型一级行星齿轮减速器	
设计			标准化			图号	质量 比例
							1:1
审核							
工艺			批准			共3页 共3页	

图 10-8 微型一级行星齿轮减速器爆炸图

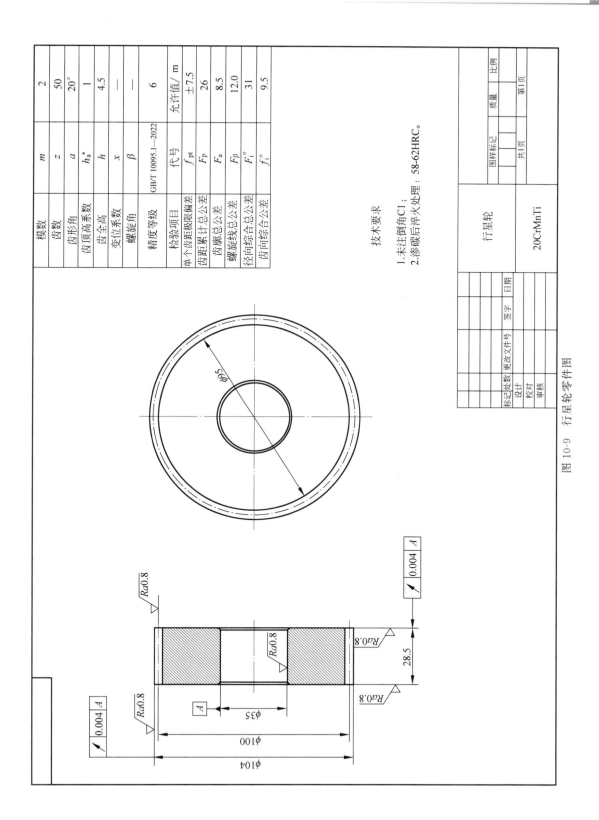

模数	m	2
齿数	z	50
齿形角	α	20°
齿顶高系数	h_a^*	1
齿全高	h	4.5
变位系数	x	—
螺旋角	β	—
精度等级	GB/T 10095.1—2022	6
检验项目	代号	允许值 / m
单个齿距极限偏差	f_{pt}	±7.5
齿距累计总公差	F_p	26
齿廓总公差	F_a	8.5
螺旋线总公差	F_β	12.0
径向综合总公差	F_i''	31
齿向综合公差	f_i''	9.5

技术要求

1. 未注倒角C1；
2. 渗碳后淬火处理：58-62HRC。

		行星轮			图样标记		质量	比例
								第1页
		20CrMnTi				共 页		

标记	处数	更改文件号	签字	日期
设计				
校对				
审核				

图 10-9　行星轮零件图

$\phi 85$

$\sqrt{Ra0.8}$

$\boxed{\text{⌖} \; 0.004 \; | \; A}$

28.5

$\sqrt{Ra0.8}$

$\phi 35$

A

$\phi 100$

$\phi 104$

$\sqrt{Ra0.8}$

$\boxed{\text{⌖} \; 0.004 \; | \; A}$

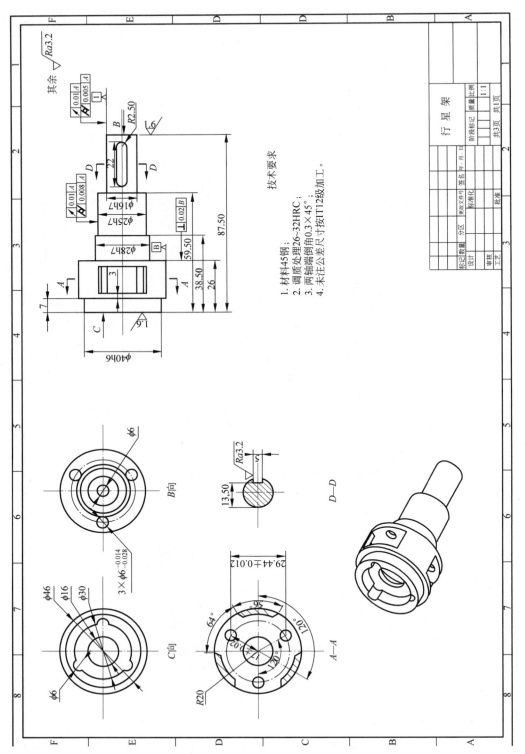

图 10-10　行星架零件图（1）

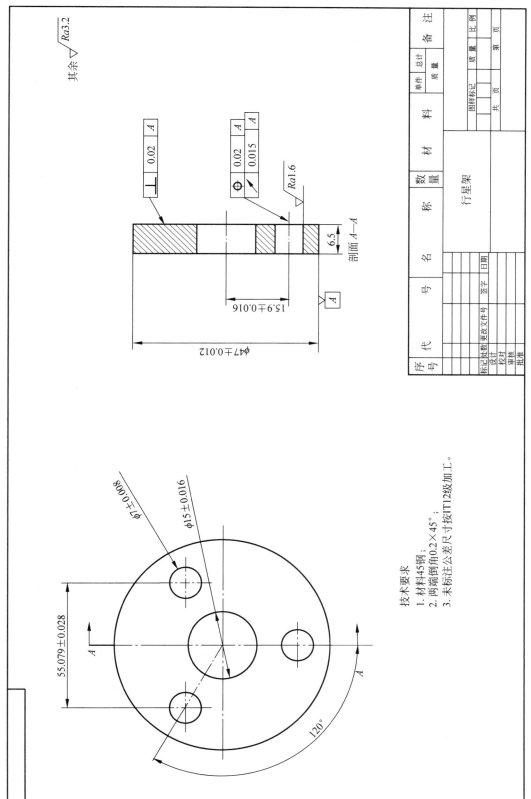

图 10-11　行星架零件图 (2)

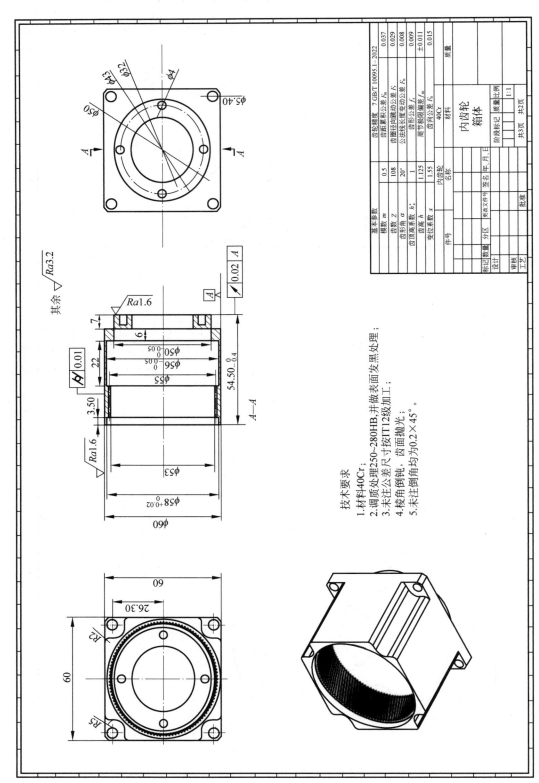

基本参数			齿轮精度	7 GB/T 10095.1—2022	
模数 m	0.5		齿距累积公差 F_p	0.037	
齿数 z	108		齿圈径向跳动公差 F_r	0.029	
齿形角 α	20°		公法线长度变动公差 F_w	0.008	
齿顶高系数 h_a^*	1		齿形公差 f_f	0.009	
齿高 h	1.125		周节极限偏差 f_{pt}	±0.011	
变位系数 x	1.55		齿向公差 F_β	0.015	

名称		内齿轮		
		材料	40Cr	质量

内齿轮
箱体

质量标记 比例
1:1

阶段标记

共页 共2页

技术要求
1.材料40Cr；
2.调质处理250~280HB，并做表面发黑处理；
3.未注公差尺寸按IT12级加工；
4.棱角倒钝，齿面抛光；
5.未注倒角均为0.2×45°。

图 10-12 内齿轮箱体零件图

其余 $\sqrt{Ra3.2}$

$Ra1.6$

A

$\boxed{0.02 \ A}$

$\boxed{0.01}$

$\phi50^{0}_{-0.05}$
$\phi56^{0}_{-0.05}$
$\phi55$
$54.50^{0}_{-0.4}$

7
6
22
3.50

$A-A$

$\phi53$
$\phi58^{+0.02}_{0}$
$\phi60$

$\phi43$
$\phi32$
$\phi4$
$\phi50$
$\phi5.40$

$Ra1.6$

60
26.30
60
$R2$
$R5$

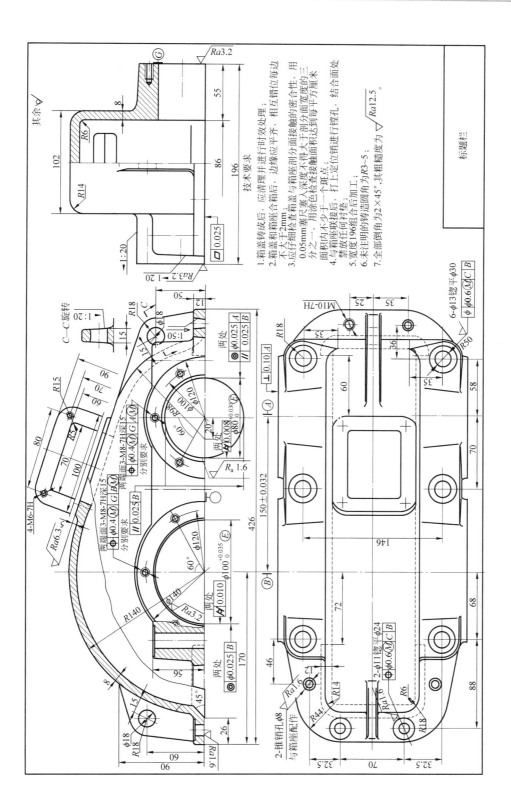

图 10-13　箱盖零件图

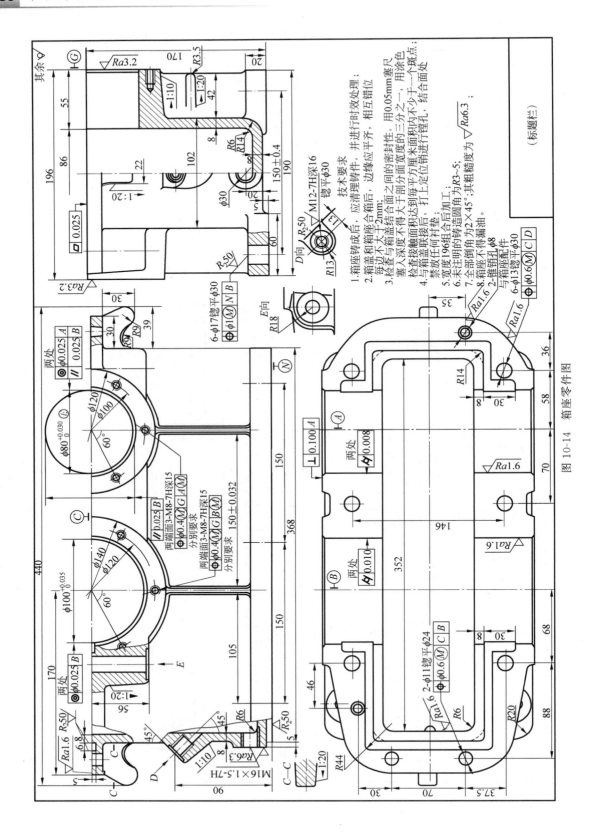

图 10-14 箱座零件图

技术要求

1. 箱座铸成后，应清理铸件，并进行时效处理；
2. 箱盖和箱座合箱后，边缘应平齐，相互错位，每边大于2mm；
3. 箱盖与箱座联接后，结合面之间的密封性，用0.05mm塞尺检查接触面积达到每平方厘米面积内不少于一个斑点，结合面处塞入深度不得大于剖分面宽度的三分之一，用涂色检查；
4. 与箱盖组合后加工；
5. 宽度196组合后加工，打上定位销进行铰孔，结合面处√Ra6.3；
6. 未注明的铸造圆角为R3~5；
7. 全部倒角为2×45°；其相糙度为√Ra6.3；
8. 未注明的铸造隔角不得小于30°
9. 禁放任何衬垫
10. 箱座不得漏油。

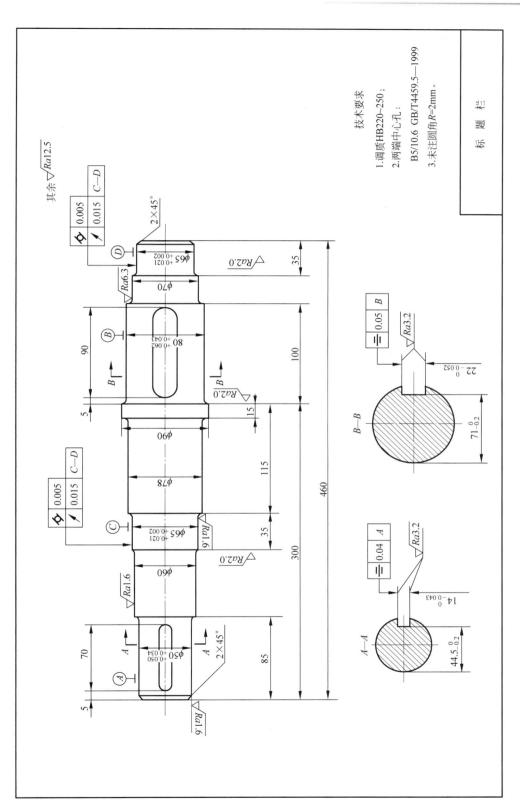

图 10-15 轴零件图

技术要求
1. 调质HB220~250;
2. 两端中心孔:
   B5/10.6 GB/T4459.5—1999
3. 未注圆角R=2mm。

标 题 栏

齿数	z	30
法面模数	m_n	3
法面齿形角	α_n	20°
齿顶高系数	h_a^*	1
全齿高	h	6.75
分度圆螺旋角	β	10°44′5″
螺旋方向		左
定位系数	x	0
精度等级		8-8-7GJ GB 10095.1—2022
相啮合零件图号		
中心距及其极限偏差	$a\pm f_a$	200±0.036
齿圈径向跳动公差	F_r	0.045
公法线长度变动公差	F_W	0.040
周节极限偏差	f_{pt}	±0.020
基节极限偏差	f_{pb}	±0.018
公法线长度及偏差	W	$32.33^{-0.123}_{-0.177}$
跨测齿数	K	4

标 题 栏

其余 √Ra12.5

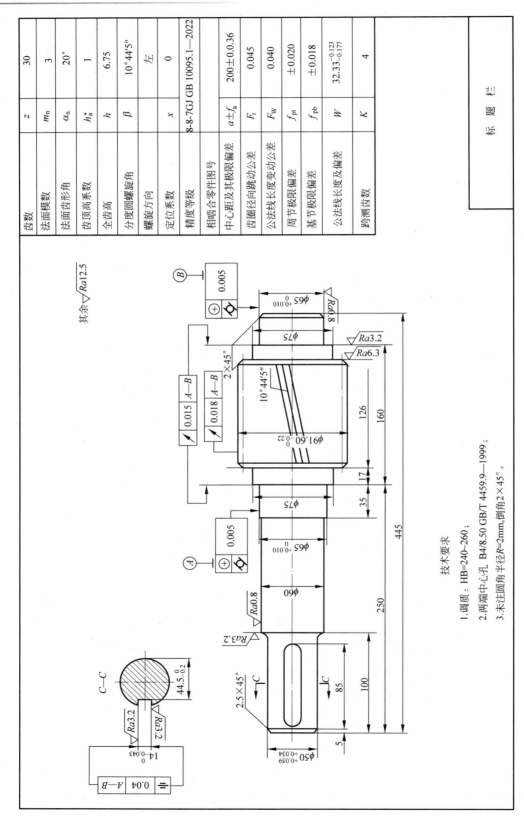

技术要求

1.调质：HB=240~260；

2.两端中心孔 B4/8.50 GB/T 4459.9—1999；

3.未注圆角半径R=2mm,倒角2×45°。

图 10-16 齿轮轴零件图

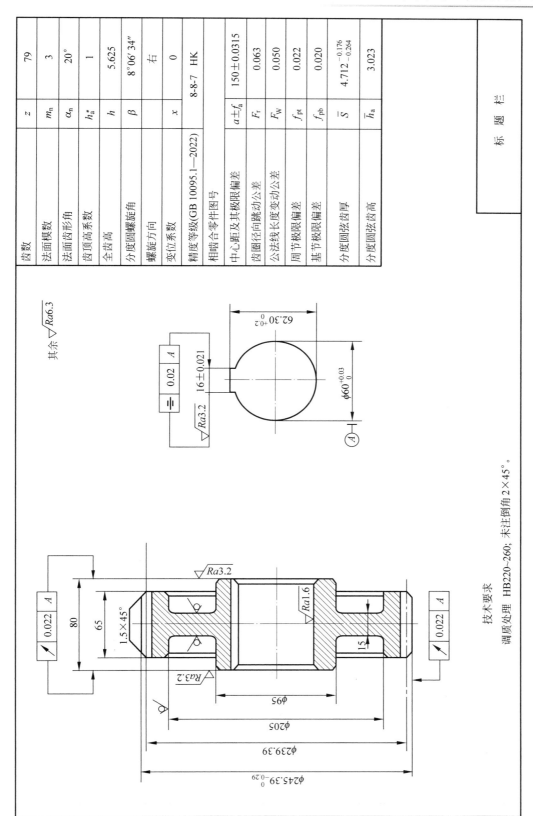

齿数	z	79
法面模数	m_n	3
法面齿形角	α_n	20°
齿顶高系数	h_a^*	1
全齿高	h	5.625
分度圆螺旋角	β	8°06′34″
螺旋方向		右
变位系数	x	0
精度等级(GB 10095.1—2022)		8-8-7 HK
相啮合零件图号		
中心距及其极限偏差	$a \pm f_a$	150 ± 0.0315
齿圈径向跳动公差	F_r	0.063
公法线长度变动公差	F_W	0.050
周节极限偏差	f_{pt}	0.022
基节极限偏差	f_{pb}	0.020
分度圆弦齿厚	$\bar{S}$	$4.712_{-0.264}^{-0.176}$
分度圆弦齿高	$\bar{h}_a$	3.023

标　题　栏

技术要求
调质处理 HB220~260; 未注倒角 2×45°。

图 10-17　圆柱齿轮零件图

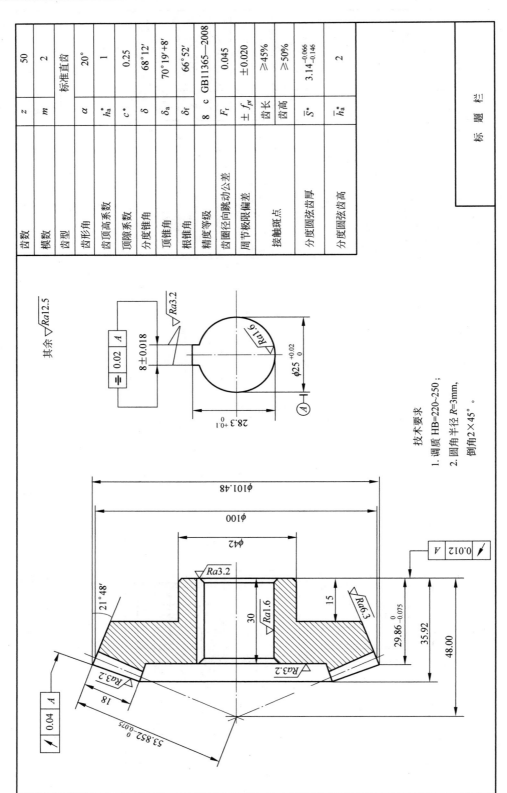

齿数	z	50
模数	m	2
齿型		标准直齿
齿形角	α	20°
齿顶高系数	h_a^*	1
顶隙系数	c^*	0.25
分度锥角	δ	68°12′
顶锥角	δ_a	70°19′+8′
根锥角	δ_f	66°52′
精度等级		8 c GB11365—2008
齿圈径向跳动公差	F_r	0.045
周节极限偏差	$\pm f_{pt}$	±0.020
接触斑点	齿长	≥45%
	齿高	≥50%
分度圆弦齿厚	$\bar{S}^*$	$3.14^{-0.066}_{-0.146}$
分度圆弦齿高	$\bar{h}_a^*$	2

标 题 栏

图 10-18　圆锥齿轮零件图

技术要求

1. 调质 HB=220~250;
2. 圆角半径 R=3mm,
   倒角2×45°。

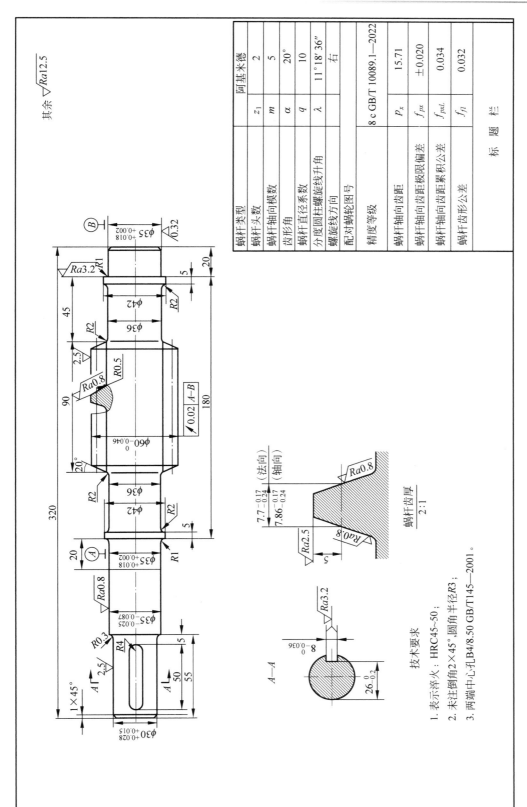

阿基米德		
蜗杆类型		
蜗杆头数	z_1	2
蜗杆轴向模数	m	5
齿形角	α	20°
蜗杆直径系数	q	10
分度圆柱螺旋线升角	λ	11°18′36″
螺旋线方向		右
配对蜗轮图号		
精度等级		8 c GB/T 10089.1—2022
蜗杆轴向齿距	P_x	15.71
蜗杆轴向齿距极限偏差	f_{px}	±0.020
蜗杆轴向齿距累积公差	f_{pxL}	0.034
蜗杆齿形公差	f_{f1}	0.032
标　题　栏		

其余 $\sqrt{Ra12.5}$

蜗杆齿厚
2:1

$7.7_{-0.17}^{-0.24}$（法向）
$7.86_{-0.17}^{-0.24}$（轴向）

A—A

技术要求
1. 表示淬火：HRC45~50；
2. 未注倒角2×45°,圆角半径R3；
3. 两端中心孔B4/8.50 GB/T145—2001。

图 10-19　蜗杆零件图

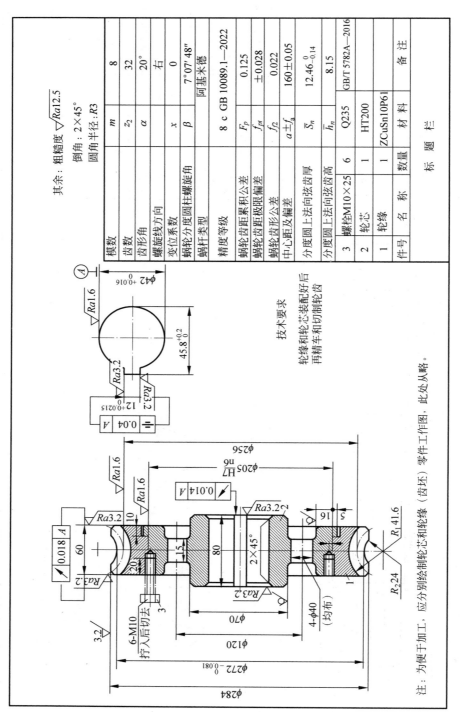

件号	名 称	数量	材 料	备 注
3	螺栓M10×25	6	Q235	GB/T 5782A—2016
2	轮芯	1	HT200	
1	轮缘	1	ZCuSn10P6l	

标 题 栏

模数	m	8
齿数	z_2	32
齿形角	α	20°
螺旋线方向		右
变位系数	x	0
蜗轮分度圆柱螺旋角	β	7°07′48″
蜗杆类型		阿基米德
精度等级	8 c GB 10089.1—2022	
蜗轮齿距累积公差	F_p	0.125
蜗轮齿距极限偏差	f_{pt}	±0.028
蜗轮齿形公差	f_{f2}	0.022
中心距及偏差	$a\pm f_a$	160±0.05
分度圆上法向弦齿厚	$\bar{S}_n$	$12.46^{\;0}_{-0.14}$
分度圆上法向弦齿高	$\bar{h}_n$	8.15

其余：粗糙度 $\sqrt{Ra12.5}$
倒角：2×45°
圆角半径：R3

技术要求

轮缘和轮芯装配好后
再精车和切削轮齿

注：为便于加工，应分别绘制轮芯和轮缘（齿坯）零件工作图，此处从略。

图 10-20 蜗轮零件图

10.2 项目设计题目

10.2.1 设计带式运输机上的 V 带——单级圆柱齿轮减速器

带式运输机为两班制连续工作,工作时有轻度振动。每年按 300 天计算,轴承寿命为齿轮寿命的 1/3 以上,其传动方式如图 10-21 所示。

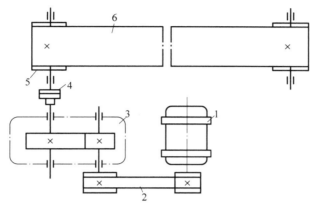

1—电动机;2—带传动;3—减速器;4—联轴器;5—滚筒;6—传动带。

图 10-21 传动方式(1)

已知条件:

(1)传动带滚动转速 n 见表 10-1;

(2)减速器输入功率 P 见表 10-1;

(3)滚筒效率 $\eta=0.96$(包括滚筒与轴承的效率损失)。

表 10-1 原始数据(1)

原 始 数 据	题 号							
	1	2	3	4	5	6	7	8
传动带滚动转速 n/(r/min)	75	85	90	100	110	120	125	150
减速器输入功率 P/kW	3	3.2	3.4	3.5	3.6	3.8	4	4.5
使用期限/年	5	5	5	5	6	6	6	6

设计工作量:

(1)减速器装配图 1 张;

(2)零件工作图 1~3 张;

(3)设计计算说明书 1 份。

10.2.2　设计带式输送机的 V 带——二级圆柱齿轮传动装置

带式输送机的传动简图如图 10-22 所示。

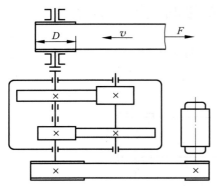

图 10-22　传动方式（2）

已知条件：

（1）输送带工作拉力 F（见表 10-2）；

（2）运输带工作速度 v（见表 10-2）（运输带速度允许误差±5%）；

（3）滚筒直径 D（见表 10-2）；

（4）滚筒效率 $\eta=0.96$（包括滚筒与轴承的效率损失）；

（5）工作情况：两班制，连续单向运转，载荷平稳；

（6）要求传动使用寿命为 8 年。

表 10-2　原始数据（2）

参　　数	1	2	3	4	5	6	7	8	9	10	11
F/N	5200	5250	5300	5350	5400	5450	5500	5600	5700	5800	5850
$v/(\text{m}\cdot\text{s}^{-1})$	0.85	0.85	0.80	0.80	0.85	0.80	0.85	0.85	0.75	0.75	0.80
D/mm	400	410	420	420	410	420	430	430	440	440	430

设计工作量：

（1）减速器装配图 1 张；

（2）零件工作图 1～3 张；

（3）设计计算说明书 1 份。

10.2.3　设计带式运输机的展开式二级圆柱齿轮减速器

带式运输机的传动结构如图 10-23 所示。

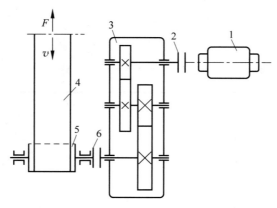

1—电动机；2,6—联轴器；3—减速器；4—运输带；5—滚筒。

图 10-23　带式运输机的展开式二级圆柱齿轮减速器的传动简图

已知条件：

（1）运输带工作拉力 F（见表 10-3）；

（2）运输带工作速度 v（见表 10-3）（运输带速度允许误差±5％）；

（3）滚筒直径 D（见表 10-3）；

（4）滚筒效率 $\eta=0.96$（包括滚筒与轴承的效率损失）；

（5）工作情况：两班制，连续单向运转，载荷平稳；

（6）要求传动使用寿命为 10 年。

表 10-3　原始数据（3）

参　数	1	2	3	4	5	6	7	8	9	10
F/N	1900	1800	1600	2200	2250	2500	2450	1900	2200	2000
$v/(\text{m}\cdot\text{s}^{-1})$	1.30	1.35	1.40	1.45	1.50	1.30	1.35	1.45	1.50	1.55
D/mm	250	260	270	280	380	300	250	260	270	280

设计工作量：

（1）减速器装配图 1 张（A0 幅面）；

（2）零件工作图 1～3 张（A3 幅面）；

（3）设计计算说明书 1 份。

10.2.4　设计微型二级行星齿轮减速器

微型二级行星齿轮减速器是机械传动中的关键部件。本项目设计需根据所给原始数据，完成高精度行星齿轮减速器的结构设计。减速器每天工作 16h，要求使用寿命 5 年。其结构如图 10-24 所示，原始数据如表 10-4 所示。

设计任务要求：

（1）减速器总装配图一张（1 号图纸）；

（2）输出轴和齿轮零件图各一张（3 号图纸）；

（3）减速器装配的爆炸图及装配动画；

（4）设计说明书一份。

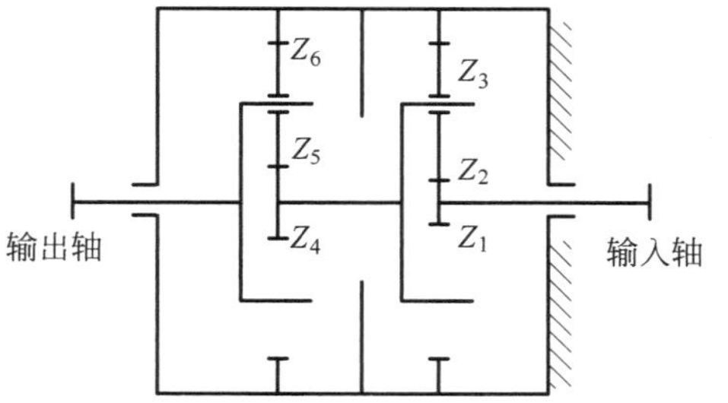

图 10-24　微型二级行星齿轮减速器结构简图

表 10-4　原始数据（4）

参　　数	1	2	3	4	5	6	7	8	9	10
输入功率/W	400	400	600	600	600	750	750	800	1000	1000
输入转速/($\text{r}\cdot\text{min}^{-1}$)	3000	3000	3000	3000	3000	3000	3000	3000	3000	3000
减速比	10	12	15	16	20	15	20	15	15	20

10.2.5　设计微型一级行星齿轮减速器

微型一级行星齿轮减速器是机械传动中的关键部件，如图 10-25 所示。本项目设计需根据表 10-5 所给原始数据,完成高精度微型一级行星齿轮减速器的结构设计。减速器每天工作 16h,要求使用寿命 5 年。

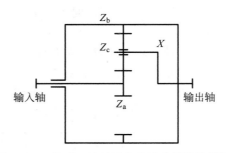

图 10-25 微型一级行星齿轮减速器结构简图

设计任务要求:

(1) 减速器总装配图一张(2 号图纸);

(2) 输出轴和齿轮零件图各一张(4 号图纸);

(3) 减速器装配的爆炸图及装配动画;

(4) 设计说明书一份。

表 10-5 原始数据(5)

参 数	1	2	3	4	5	6	7	8	9	10
输入功率/W	400	400	600	600	600	750	750	800	1000	1000
输入转速/(r·min^{-1})	3000	3000	3000	3000	3000	3000	3000	3000	3000	3000
减速比	3	3.5	3	4	5	3	5	5	3	5

第11章

行星齿轮减速器设计

11.1 概　　述

　　行星齿轮传动是一种具有动轴线的齿轮传动，NGW 型行星齿轮传动是其中的一种型式（N——内啮合、G——公共行星轮、W——外啮合），如图 11-1 所示。由于这种传动的基本构件是两个中心轮和一个行星架（K——中心轮、H——行星架），因此 NGW 型又称 2K-H 型行星齿轮传动。

　　NGW 型行星齿轮传动与普通定轴圆柱齿轮传动相比较，主要优点是体积小、质量轻、传动比大、效率高；缺点是结构复杂，制造和安装要求较高。NGW 型是行星齿轮传动中应用最广泛的一种型式，其单级传动比可以达到 2.7～12，效率 $\eta=0.97\sim0.99$；两级传动比可以达到 10～110，效率 $\eta=0.94\sim0.97$。

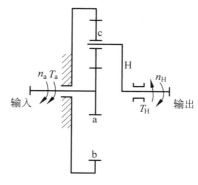

a—小中心轮；b—大中心轮；
c—行星轮；H—行星架。
图 11-1　NGW 型行星齿轮传动简图

11.2　设　计　计　算

11.2.1　确定主要参数

1. 确定齿数及行星轮数

　　1）确定齿数及行星轮数的条件

　　在设计行星齿轮传动时，由"机械原理"课程可知，选择各个齿轮齿数及行星轮个数，应满足下列几个条件。

　　（1）传动比条件。如图 11-1 所示，在 NGW 型行星齿轮传动中，当内齿轮 b 固定，小中心轮 a 为主动件，而行星架 H 为从动件时，其传动比为

$$i_{aH}^{b}=1+\frac{z_b}{z_a} \tag{11-1}$$

　　当小中心轮 a 固定，内齿轮 b 为主动件，而行星架 H 为从动件时，其传动比为

$$i_{bH}^{a}=1+\frac{z_a}{z_b} \tag{11-2}$$

式中，z_a——小中心轮 a 的齿数；

z_b——内齿轮 b 的齿数。

（2）同心条件。外啮合齿轮 a、c 的中心距应等于内啮合齿轮 b、c 的中心距，即 $a_{ac}=a_{cb}$。

当采用标准齿轮或高度变位齿轮传动时，则：

$$\frac{m}{2}(z_a + z_c) = \frac{m}{2}(z_b - z_c)$$

由此得行星轮 c 的齿数为

$$z_c = \frac{z_b - z_a}{2} \tag{11-3}$$

由式（11-3）可知，为满足同心条件，两中心轮的齿数之和 z_a 和 z_b 必须同时为偶数或奇数，否则行星轮齿数 z_c 不可能为整数。

当采用角度变位齿轮传动时，则：

$$\frac{m}{2}(z_a + z_c)\frac{\cos\alpha}{\cos\alpha'_{ac}} = \frac{m}{2}(z_b - z_c)\frac{\cos\alpha}{\cos\alpha'_{cb}}$$

$$\frac{z_a + z_c}{\cos\alpha'_{ac}} = \frac{z_b - z_c}{\cos\alpha'_{cb}}$$

$$z_c = \frac{z_b\cos\alpha'_{ac} - z_a\cos\alpha'_{cb}}{\cos\alpha'_{ac} + \cos\alpha'_{cb}} \tag{11-4}$$

式中，m——齿轮的模数；

α——齿轮的齿形角；

α'_{ac}——外啮合齿轮 a、c 传动的啮合角，通常取 $\alpha'_{ac} = 24° \sim 26.5°$；

α'_{cb}——内啮合齿轮 b、c 传动的啮合角，通常取 $\alpha'_{cb} = 18° \sim 21°$。

（3）装配条件。两个中心轮的齿数和应为行星轮个数 n_p 的整数倍，即

$$\frac{z_a + z_b}{n_p} = C（整数） \tag{11-5}$$

或

$$\frac{i^b_{aH} \cdot z_a}{n_p} = C \tag{11-6}$$

（4）邻接条件。相邻两行星轮的中心距必须大于它们的齿顶圆半径之和，即

$$2a_{ac}\sin\frac{180°}{n_p} > d_{ac}$$

对于正常标准齿轮，式（11-6）可写成：

$$(z_a + z_c)\sin\frac{180°}{n_p} > z_c + 2 \tag{11-7}$$

式中，d_{ac}——行星轮 c 的齿顶圆直径；

$\dfrac{180°}{n_p}$——相邻两个行星轮的中心角的半角。

应当注意，行星轮齿顶间的最小间隙一般取 $0.5m$（m 为模数），否则需要减少行星轮的

数目 n_p 或增加小中心轮 a 的齿数 z_a。常用行星轮个数与其传动比范围见表 11-1。

表 11-1　单级 NGW 型行星齿轮传动的行星轮个数与传动比范围

行星轮个数 n_p	3	4	5	6	8	10	12
传动比 i_{aH}^b	2.1~13.7	2.1~6.5	2.1~4.7	2.1~3.9	2.1~3.2	2.1~2.8	2.1~2.6

注：传动比若接近最大值时，一般需要进行邻接条件的验算。

设计行星传动时，一般已知传动比，然后按表 11-1 选择行星轮个数 n_p，但确定 n_p 时还需要考虑制造条件、均载方法、结构尺寸等因素，常用 $n_p = 3$。当需要提高承载能力、减少传动装置的尺寸和重量时，在满足邻接条件下可采用 $n_p > 3$，但要有合适的均载方法。

（5）其他有关条件。考虑齿轮的啮合质量、强度和切齿等因素，对软齿面（HBS≤350）的传动，推荐小齿轮的最小齿数 $z_{min} \geq 17$；对硬齿面（HBS>350）的传动，推荐小齿轮的最小齿数 $z_{min} \geq 12$。各啮合齿轮齿数应尽可能互为质数。当用插齿刀或剃齿刀加工齿轮时，被加工齿轮的齿数不应是刀具齿数的倍数。

2）配齿方法

（1）根据给定的传动比按表 11-1 选择行星轮个数 n_p。

（2）确定中心轮齿数 z_a。由式 $\dfrac{i_{aH}^b \cdot z_a}{n_p} = C$，根据 i_{aH}^b 和 n_p 并适当调整 z_a 使 C 等于整数，设计确定 z_a。

（3）确定内齿轮齿数 z_b：

$$z_b = Cn_p - z_a$$

（4）确定行星轮齿数 z_c：

$$z_c = \frac{z_b - z_a}{2}$$

当采用角度变位传动时（$a_{ac}' > a_{cb}'$），应将算出的 z_c 减去 0~2 齿，以适应变位的需要，此时计算所得的 z_c 可以不是整数，而在减少齿数时去掉小数。

（5）必要时验算邻接条件。

2. 标准直齿圆柱齿轮的模数

渐开线圆柱齿轮的模数可从表 11-2 中选取。

表 11-2　渐开线圆柱齿轮的模数（GB/T 1357—2008）

单位：mm

第一系列	1	1.25	1.5	2	2.5	3	4	5		8	10
	12	17	20	25	32	40	50				
第二系列	1.125	1.375	1.75	2.25	2.75	3.5	4.5	5.5	(7.5)	7	9
	11	14	18	22	28	35	45				

按照 GB/T 2363—2008 的规定，模数小于 1.0mm 的齿轮，称为小模数渐开线齿轮（即微型齿轮）。小模数渐开线齿轮的模数系列如表 11-3 所示。

表 11-3　小模数渐开线齿轮的模数系列（GB/T 2363—2008）

单位：mm

第一系列	0.1	0.12	0.15	0.2	0.25	0.3	0.4	0.5	0.6	0.8
第二系列						0.35			0.7	0.9

注：①对于斜齿圆柱齿轮是指法向模数 m_n；②优先选用第一系列；③微型齿轮的顶隙系数 $c^* = 0.35$。

11.2.2　行星齿轮传动中的变位齿轮

1. 变位齿轮传动的类型

在行星齿轮传动中，除采用标准齿轮传动外，还可以采用变位齿轮传动。根据两个相互啮合齿轮的变位系数之和，变位齿轮传动可分为下列两种类型。

（1）高度变位齿轮传动（或称等移距变位齿轮传动），其变位系数和为 $x_\Sigma = x_1 + x_2 = 0$，即 $x_2 = \pm x_1$。

（2）角度变位齿轮传动（或称不等移距变位齿轮传动），其变位系数和为 $x_\Sigma = x_1 + x_2 \neq 0$。当 $x_\Sigma > 0$ 时，称为正传动；当 $x_\Sigma < 0$ 时，称为负传动。

1）高度变位齿轮传动

在行星齿轮传动中，采用高度变位的主要目的在于：可以避免根切、减小机构的尺寸和质量；还可以改善齿轮副的磨损情况以及提高其承载能力。

由于啮合齿轮副中的小齿轮采用正变位（$x_1 > 0$），当其齿数比 $u = \dfrac{z_2}{z_1}$ 一定时，可以使小齿轮的齿数 $z_1 < z_{min}$，而不会产生根切现象，从而可以减小齿轮的外形尺寸和质量。同样，由于小齿轮采用正变位，其齿根厚度增大，齿根的最大滑动率减小，所以可改善耐磨损情况和提高其承载能力。

在采用高度变位的齿轮传动时，通常，外啮合齿轮副中的小齿轮采用正变位（$x_1 > 0$），大齿轮采用负变位（$x_2 < 0$）。内齿轮的变位系数和与其啮合的外齿轮相同，即 $x_2 = x_1$。

最后，应该指出：在行星齿轮传动中，采用高度变位可以改善其传动性能，但有一定的限度。因此，在行星齿轮传动中，较为广泛采用的是角度变位传动。

2）角度变位齿轮传动

在行星齿轮传动中，应用较多的是角度变位正传动（$x_\Sigma > 0$）。采用角度变位正传动的主要目的在于：凑中心距，避免轮齿根切，减小齿轮机构的尺寸；减少齿面磨损和提高使用寿命，以及提高其承载能力等。

由于采用正变位，可使齿轮副中的小齿轮的齿数 $z_1 < z_{min}$，而仍不产生根切，从而可使齿轮传动的尺寸减小。由于啮合齿轮副中的两齿轮均可以采用正变位，即 $x_1 > 0$ 和 $x_2 > 0$，从而增大了其啮合角 α' 和轮齿的齿根厚度，以及使轮齿的齿根高减小。这样不仅可以改善其耐磨损情况，还能提高其强度，因此，也就提高了其承载能力。另外，只要适当地选取变位系数，便可以获得齿轮副的不同啮合角 α'，从而可以配凑它们的中心距 a'，以实现正确的啮合。但是，采用正变位时，使其啮合角 α' 增大后，却使得其重合度 ε 减小了，故需要验算其变位后的重合度。

在渐开线行星齿轮传动中,采用变位齿轮并选择合理的变位系数,可提高承载能力和改善传动的啮合质量;在满足传动比的条件下可实现非标准中心距传动;在保证装配和同心条件下,使齿数的选择有较多的灵活性。

选择齿轮变位系数的方法有查表法、封闭图法和线图法等,这里只简单介绍线图法。

图 11-2 为外啮合圆柱齿轮选择变位系数的线图。图中分左、右两部分。右部的横坐标为齿数和 z_Σ,纵坐标为总变位系数 x_Σ,图中阴影线以内为许用区,区内各射线表示同一啮合角 α'(如 $18°、19°、\cdots、25°$ 等)时 x_Σ 与 z_Σ 间的函数关系。根据 z_Σ、α' 或其他具体要求,在右部线图的许用区内选择 x_Σ。对同一的 z_Σ,α' 越大,所选的 x_Σ 也越大,但其重合度 ε 越小。

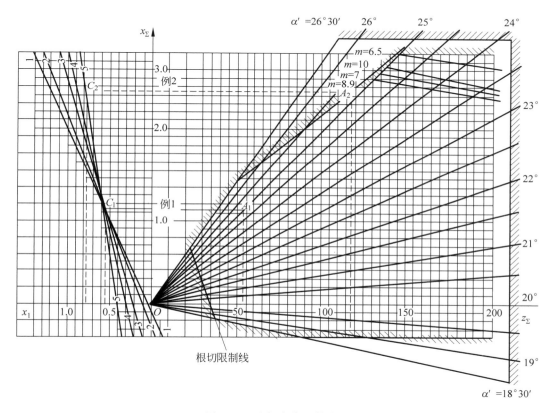

图 11-2　选择变位系数线图

注:斜线 1,$u=1.0\sim1.2$;斜线 2,$u>1.2\sim1.6$;斜线 3,$u>1.6\sim2.2$;斜线 4,$u>2.2\sim3.0$;斜线 5,$u>3.0$

线图的左部,横坐标为小齿轮的变位系数 x_1(由坐标原点 O 向左 x_1 为正值),纵坐标仍为 x_Σ,根据已确定的 x_Σ 和齿数比 $u=\dfrac{z_2}{z_1}(z_2>z_1)$,可确定 x_1,而大齿轮的变位系数 $x_2=x_\Sigma-x_1$。

按此线图选择的变位系数可保证:①加工时不根切;②啮合时不干涉;③齿顶厚 $s_a>0.4m$;④两轮最大滑动系数大致相等。

线图的具体应用按齿轮变位方法不同予以说明。

(1)高度变位。高度变位的目的主要用于消除根切和平衡大小齿轮强度。通常一对相啮合的齿轮,小齿轮取正变位($x_1 > 0$),而大齿轮取负变位($x_2 < 0$)。

当 $i_{aH}^b \leqslant 4$ 时,行星轮 c 为小齿轮,中心轮 a 取负变位;行星轮 c 和内齿轮 b 取正变位,即

$$-x_a = x_b = x_c \tag{11-8}$$

当 $i_{aH}^b > 4$ 时,中心轮 a 为小齿轮,取正变位;行星轮 c 和内齿轮 b 取负变位,即

$$x_a = -x_b = -x_c \tag{11-9}$$

变位系数 x_a、x_c 根据 $u = \dfrac{z_2}{z_1} (z_2 > z_1)$ 在图 11-2 左部的横坐标轴($x_\Sigma = 0$)上选取。

【例 1】 已知 NGW 行星传动各轮齿数 $z_a = 17$,$z_b = 103$,$z_c = 43$,试选择高度变位系数。

解:因为

$$i_{aH}^b = 1 + \frac{z_b}{z_a} = 1 + \frac{103}{17} = 7.059 > 4$$

中心轮 a 为小齿轮,取正变位;行星轮 c 和内齿轮 b 取负变位,根据齿数比 $u = \dfrac{z_c}{z_a} = \dfrac{43}{17} = 2.529$,由图 11-2 左部斜线 4 与横坐标轴的交点得

$$x_a = x_1 = 0.32; \quad x_c = x_b = -x_a = -0.32$$

(2)角度变位。角度变位的目的主要用于提高外啮合的承载能力,改善啮合性能,能更灵活地选择齿轮的齿数。在 NGW 型行星传动中,当各齿轮的许用接触应力相同时,内啮合的接触强度比外啮合高 2.5~5 倍,如果在直齿的 NGW 型行星传动中,采用不等啮合角的角度变位,通常取外啮合的啮合角 $\alpha_{ac}' = 24° \sim 26.5°$,内啮合的啮合角 $\alpha_{bc}' = 18° \sim 21°$,则可显著提高外啮合的承载能力。同时变位不受 $z_b = z_a + 2z_c$ 的限制,选择齿数较灵活。

采用角度变位时,选择变位系数的步骤如下所示。

① 按上述配齿方法,确定各齿轮的齿数 z_a、z_b 和 z_c。

② 根据提高接触强度或其他方面的要求,初定啮合角 α_{ac}'。

③ 计算外啮合的分度圆分离系数 y_{ac},中心距 a_{ac}' 和实际啮合角 α_{ac}'。

未变位时(标准)的中心距为

$$a_{ac} = \frac{m}{2}(z_a + z_c) \tag{11-10}$$

初算分度圆分离系数为

$$y_{ac}' = \frac{z_a + z_c}{2}\left(\frac{\cos\alpha}{\cos\alpha_{ac}'} - 1\right) \tag{11-11}$$

计算中心距并取圆整值,公式为

$$a_{ac}' = \left(\frac{z_a + z_c}{2} + y_{ac}'\right)m \tag{11-12}$$

实际分度圆分离系数为

$$y_{ac} = \frac{a_{ac}' - a_{ac}}{m} \tag{11-13}$$

计算实际啮合角，公式为

$$\cos\alpha'_{ac} = \frac{a_{ac}}{a'_{ac}}\cos\alpha \tag{11-14}$$

④ 按 $z_\Sigma = z_a + z_c$ 和实际啮合角 α'_{ac}，查图 11-2 右部确定总变位系数 $x_{\Sigma ac}$，并由该图左部分配变位系数 x_a 和 x_c。

⑤ 计算齿顶高变动系数：

$$\sigma = x_{\Sigma ac} - y_{ac} \tag{11-15}$$

⑥ 计算内啮合的啮合角 α'_{cb}：

$$\cos\alpha'_{cb} = \frac{m(z_b - z_c)}{2a'_{ac}}\cos\alpha \tag{11-16}$$

⑦ 计算内啮合总变位系数 $x_{\Sigma cb}$ 和内齿轮变位系数 x_b：

$$x_{\Sigma cb} = x_b - x_c = \frac{z_b - z_c}{2\tan\alpha}(\mathrm{inv}\alpha'_{cb} - \mathrm{inv}\alpha) \tag{11-17}$$

$$x_b = x_{\Sigma cb} + x_c \tag{11-18}$$

【例 2】 已知 NGW 型直齿圆柱齿轮行星传动，传动比 $i^b_{aH} = 6$，齿轮模数 $m = 3$，当采用角度变位传动时，试确定各轮齿数，选择各轮的变位系数。

解：（1）确定各轮齿数及行星轮数。

① 根据 $i^b_{aH} = 6$，按表 11-1 选择行星轮个数 $n_p = 3$。

② 确定中心轮齿轮 z_a，由式（11-6）可得

$$\frac{i^b_{aH} \cdot z_a}{n_p} = \frac{6z_a}{3} = C（整数）$$

选择 $z_a = 19$，此时，$C = 38$。

③ 确定内齿轮齿数 z_b。由式（11-6）得

$$z_b = Cn_p - z_a = 38 \times 3 - 19 = 95$$

④ 确定行星轮齿数。由式（11-3）得

$$z_c = \frac{z_b - z_a}{2} = \frac{95 - 19}{2} = 38$$

为适应角度变位需要，选取 $z_c = 37$。

（2）为提高外啮合的接触强度，初定啮合角 $\alpha'_{ac} = 25°$。

（3）计算外啮合的分度圆分离系数 y_{ac}、中心距 a'_{ac} 和实际啮合角 α'_{ac}。

未变位时的标准中心距为

$$a_{ac} = \frac{m}{2}(z_a + z_c) = \frac{3}{2}(19 + 37)\mathrm{mm} = 84\mathrm{mm}$$

初算分度圆分离系数，由式（11-11）得

$$y'_{ac} = \frac{z_a + z_c}{2}\left(\frac{\cos\alpha}{\cos\alpha'_{ac}} - 1\right) = \frac{19 + 37}{2}\left(\frac{\cos20°}{\cos25°} - 1\right) = 1.0314$$

计算实际中心距并圆整，由式（11-12）得

$$a'_{ac} = \left(\frac{z_a + z_c}{2} + y'_{ac}\right)m = \left(\frac{19 + 37}{2} + 1.034\right) \times 3 = 87.09$$

取 $a'_{ac} = 87\text{mm}$。

实际分度圆分离系数,由式(11-13)

$$y_{ac} = \frac{a'_{ac} - a_{ac}}{m} = \frac{87 - 84}{3} = 1$$

计算实际啮合角,由式(11-14)得

$$\cos\alpha'_{ac} = \frac{a_{ac}}{a'_{ac}}\cos\alpha = \frac{84}{87}\cos 20° = 0.907289$$

$$\alpha'_{ac} = 24°51'59''$$

(4)确定总变位系数 $x_{\Sigma ac}$ 及分配 x_a 和 x_c。按 $z_\Sigma = z_a + z_c = 19 + 37 = 56$ 和实际 $\alpha'_{ac} = 24°51'59''$,查图 11-2 右部得交点 A_2,其 $x_{\Sigma ac} = 1.12$。

在精度要求高时,可根据求得的实际啮合角 α'_{ac} 由下式计算 $x_{\Sigma ac}$,即

$$x_{\Sigma ac} = \frac{z_a + z_c}{2\tan\alpha}(\text{inv}\alpha'_{ac} - \text{inv}\alpha_{ac}) = \frac{19 + 37}{2\tan 20°}(\text{inv}24°51'59'' - \text{inv}20°) = 1.12$$

按齿数比 $u = \frac{z_c}{z_a} = \frac{37}{19} = 1.947$,由图 11-2 左部分配变位系数,自 A_2 点作水平线与斜线 $3(u = 1.11 \sim 2.2)$ 交于 C_2 点,则得

$$x_a = 0.55$$

$$x_c = x_{\Sigma ac} - x_a = 1.12 - 0.55 = 0.57$$

(5)计算齿顶高变动系数。由式(11-15)得

$$\sigma = x_{\Sigma ac} - y_{ac} = 1.12 - 1 = 0.12$$

(6)计算内啮合的啮合角 α'_{cb}。由式(11-16)得

$$\cos\alpha'_{cb} = \frac{m(z_b - z_c)}{2a'_{ac}}\cos\alpha = \frac{3 \times (95 - 37)}{2 \times 87}\cos 20° = \cos 20°$$

$$\alpha'_{cb} = 20°$$

(7)计算内啮合的总变位系数 $x_{\Sigma cb}$ 和内齿轮变位系数 x_b。由式(11-17)得

$$x_{\Sigma cb} = \frac{z_b - z_c}{2\tan\alpha}(\text{inv}\alpha'_{cb} - \text{inv}\alpha) = \frac{95 - 37}{2\tan\alpha} \times (\text{inv}20° - \text{inv}20°) = 0$$

由式(11-18)得

$$x_b = x_{\Sigma cb} + x_c = 0.57$$

11.3 强 度 计 算

11.3.1 受力分析

为进行齿轮和轴的强度计算及轴承寿命计算,需要对行星传动各构件进行受力分析,表 11-4 列出了直齿 NGW 型行星齿轮传动的受力计算。

表 11-4　直齿 NGW 型行星齿轮传动各构件的受力分析

行星齿轮结构简图	中心轮 a	行星轮 c	行星架 H	内齿轮 b
圆周力 F_t	$F_{tca}=\dfrac{2T_a}{n_p d_a}$	$F_{tac}=-F_{tca}$ $\approx F_{tbc}$	$R_{xH}=-R_{x0}$ $\approx 2F_{tac}$	$F_{tcb}=-F_{tcb}\approx F_{tca}$
径向力 F_r	$F_{rca}=F_{tca}\cdot\tan\alpha$	$F_{rac}=F_{tac}\cdot\tan\alpha$ $\approx -F_{rbc}$	$R_{yx}\approx 0$	$F_{rcb}=-F_{rbc}$
单个行星轮作用在轴上的反力	$R_{xa}=-F_{tca}$ $R_{ya}=-F_{rca}$	$R_{xc}=-2F_{tac}$ $R_{yc}\approx 0$	$R_{x0}=-R_{xH}$ $\approx -2F_{tac}$ $R_{y0}\approx 0$	$R_{xb}=-F_{tcb}$ $R_{yb}=-F_{rcb}$
行星轮数 $n_p\geqslant 2$ 时作用在轴上的总反力	$\sum R_{xa}=0$ $\sum R_{ya}=0$	$\sum R_{xc}=0$ $\sum R_{yc}=0$	$\sum R_{x0}=0$ $\sum R_{y0}=0$	$\sum R_{xb}=0$ $\sum R_{yb}=0$
转矩	T_a	$T_c=\dfrac{T_a}{n_p}\cdot\dfrac{z_c}{z_a}$	$T_H=-T_a i_{aH}^b$	$T_b=T_a\dfrac{z_b}{z_a}$

注:①式中 d_a 为中心轮 a 的节圆直径;α 为齿轮的啮合角;

② 式中 F_{tca} 为行星轮 c 作用于中心轮 a 的圆周力;F_{rca} 为行星轮 c 作用于中心轮 a 的径向力,其余类推。

11.3.2　强度计算特点

NGW 型行星齿轮传动,可分解为 a-c 外啮合齿轮传动和 c-b 内啮合齿轮传动。分解后其齿轮强度计算就可引用普通齿轮传动的计算公式,但应考虑行星齿轮传动的特点,在计算时要注意以下几方面。

（1）计算转矩。计算转矩 T_1 为一对啮合齿轮中小齿轮所传递的转矩。

对 a-c 外啮合齿轮传动:

当 $z_a \leqslant z_c$ 时:

$$T_1 = \frac{T_a}{n_p} K_p \tag{11-19}$$

当 $z_a > z_c$ 时:

$$T_1 = \frac{T_a}{n_p} K_p \frac{z_c}{z_a} \tag{11-20}$$

对 c-b 内啮合齿轮传动：

$$T_1 = \frac{T_a}{n_p} K_p \frac{z_c}{z_a}$$ (11-21)

式中，K_p 为各行星轮间载荷分配不均匀系数，一般取 $K_p=1.05\sim1.3$，其大小与均载机构种类有关，若没有均载机构，取 $K_p=1.4\sim1.8$，制造精度高时取低值。

（2）应力循环次数。行星齿轮传动的应力循环次数 N 应用齿轮相对于行星架的转速来计算。

对中心轮 a 和内齿轮 b 为

$$N_a = 60(n_a - n_H)n_p L_h$$ (11-22)

$$N_b = 60(n_b - n_H)n_p L_h$$ (11-23)

对行星轮 c 为

$$N_c = 60(n_c - n_H)L_h$$ (11-24)

式中，n_a——中心轮 a 的转速，r/min；

n_b——内齿轮 b 的转速，r/min；

n_c——行星轮 c 的转速，r/min；

n_H——行星架 H 的转速，r/min；

L_h——齿轮工作寿命，h。

（3）行星轮轮齿的弯曲应力按对称循环变应力考虑。

（4）动载系数。按齿轮对于行星架的圆周速度 v^H 来确定动载系数。公式为

$$v^H = \frac{\pi d_a (n_a - n_H)}{60 \times 1000}$$ (11-25)

式中，d_a——中心轮 a 的节圆直径，mm。

（5）齿宽系数。一般情况齿宽系数 ϕ_d 按下列推荐值选取：当 $z_a \leqslant z_c$，取 $\phi_{da} \leqslant 0.7$；当 $z_a > z_c$，取 $\phi_{dc} \leqslant 0.6$；人字齿轮 ϕ_d 可大于 0.7 但小于 1.5。内啮合 b-c 传动取 $\phi_{db} \leqslant 0.10$。

（6）内齿轮 b 的齿宽和材料。在一般情况下，NGW 型行星齿轮内啮合传动的承载能力高于外啮合传动。因此，计算时首先对外啮合传动进行强度计算，为使内啮合传动的承载能力与外啮合传动接近，可在外啮合传动尺寸确定后，根据给定的材料及有关参数，用强度计算式求得内齿轮的齿宽，或取内齿轮的齿宽与外啮合齿轮相同，用强度计算式求得内啮合传动的接触应力，然后据此选择内齿轮的材料。计算结果表明，内齿轮的齿宽比外啮合传动的轮齿较窄，材料比外啮合传动的齿轮材料差。

11.4 结 构 设 计

在设计行星齿轮传动时，首先应根据所设计的行星齿轮传动的名义功率（或所需的转矩）、转速和传动比选取其结构类型；再根据给定的传动比进行配齿计算，即确定各轮的齿数；然后进行行星齿轮传动的啮合参数和几何尺寸的计算。在上述的设计计算工作完成之后，进行行星齿轮传动的结构设计。结构设计是一项非常重要的工作，设计者必须仔细认真地做好它。一般情况下，应先收集和参考与其相同类型的行星齿轮传动结构图例，并研究清

楚其各基本构件的大概形状,以便进一步构思所设计的行星齿轮传动的初步结构。接着就可对各基本构件的结构进行具体的设计,同时绘制各基本构件的结构草图。最后,在绘制行星齿轮传动的结构草图时,应注意处理好各构件之间的连接关系,安排好各构件的支承结构及均载机构的设置等。总而言之,关于行星齿轮传动的结构设计,其设计内容应包括确定中心轮、行星轮和转臂的结构及其支承结构和均载机构的设置等。

11.4.1　中心轮的结构

在行星齿轮传动中,其中心轮的结构取决于行星传动类型、传动比的大小、传递转矩的大小和支承方式及所采用的均载机构。对于不浮动的中心轮 a,当传递的转矩较小时,可以将齿轮和其支承轴做成一个整体,即采用齿轮轴的结构;当它传递的转矩较大时或中心轮 a 的直径 d 较大时,可以把齿轮与轴分开来制造,然后用平键或花键将具有内孔的齿轮套装在轴上。中心轮 a 可以安装在其本身轴的两个支承位置的中间(图 11-3),也可以安装在轴的一端,形成悬臂安装。在行星轮数 $n_p = 3$ 的行星齿轮传动中,由于各齿轮副的啮合力呈轴线对称作用,而且无径向载荷,因此,悬臂布置的中心轮 a 也不会引起沿齿宽方向上的载荷集中现象。

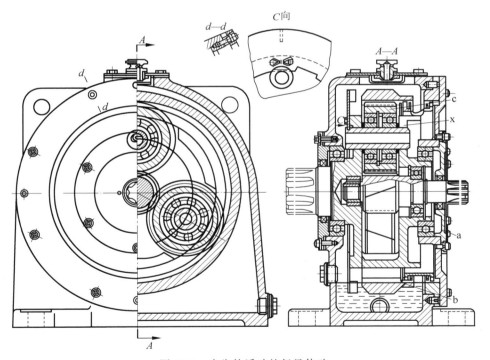

图 11-3　内齿轮浮动的行星传动

在 3Z 型行星齿轮传动中,当中心轮 a 的两支承之一安装在内齿轮 e 的输出轴上,另一支承安装在箱体上,而且其轴又是转臂 H 的支承时,中心轮 a 可以制成为较细长的齿轮轴结构,如图 11-4 所示。

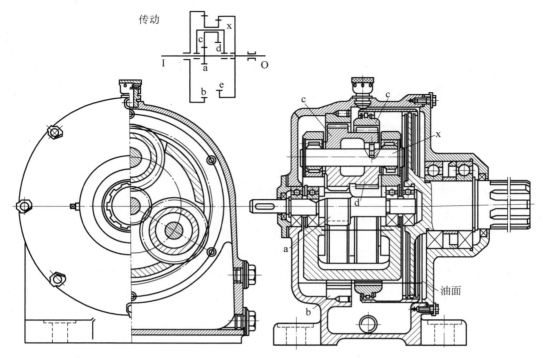

图 11-4　3Z 型行星传动

　　在行星齿轮传动中,内齿中心轮(即内齿轮)的结构主要与其安装方式和所采用的均载机构的结构型式等有关。同时,还应考虑到内齿轮的加工工艺性和装配等问题。例如,插齿加工所需的退刀槽宽度和插齿刀的最小外径(d_{0a})$_{min}$ 的空间位置。通常,内齿轮可以做成一个环形齿圈,故又可将内齿中心轮称为内齿圈。在一些较重要的行星齿轮传动中,固定的内齿轮 b 或 e 可以用凸缘和铰制用紧定螺钉、销钉或键在其圆周方向上加以固定,如图 11-3 所示。在较特殊的情况下,为了减小行星齿轮传动的外廓尺寸和避免采用各种紧固件,内齿轮 b 可以在上述圆柱环形槽上或者在可拆卸的箱体内壁上直接切制其轮齿(图 11-5)。此时,圆柱环形槽或箱体本身的材料必须满足内齿轮轮齿的强度要求。

　　对于旋转的或固定的内齿轮,还可以将其制成薄壁圆筒结构,以增加内齿轮本身的柔性,则可以得到缓和冲击和使行星轮间载荷分配均匀的良好效果。

　　当内齿轮 b 采用具有外齿轴套的齿轮联轴器浮动时(图 11-3),与内齿轮 b 相啮合的浮动轴套外齿轮的轮齿,其啮合参数(模数 m、压力角 α、齿顶高系数 h_a^* 和顶隙系数 C^* 等)应与内齿轮 b 的轮齿相同,以便齿轮的加工和测量。当采用具有内齿圈的齿轮联轴器浮动时(图 11-4),为了实现与该内齿圈的轮齿进行内啮合传动,则必须在内齿轮 e 的外缘上切制浮动的外齿轮轮齿。

　　在 3Z 型行星齿轮传动中,大都采用将其输出内齿轮 e 与输出轴连成为一体的结构。该输出内齿轮 e 一般可采用平面辐板(图 11-6)或锥形辐板(图 11-7)与其轮毂相连接。为了减少其质量和增加输出内齿轮 e 的柔性,应在辐板上钻铣若干个圆孔;而且这些圆孔应该均匀地分布在同一个圆周上,从而有利于行星轮间的载荷均匀分布。

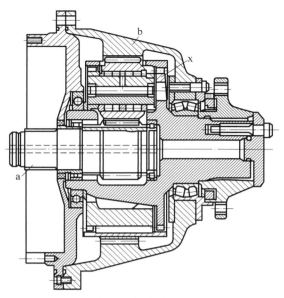

图 11-5　内齿轮 b 与箱体合一的 2Z-X（A）型

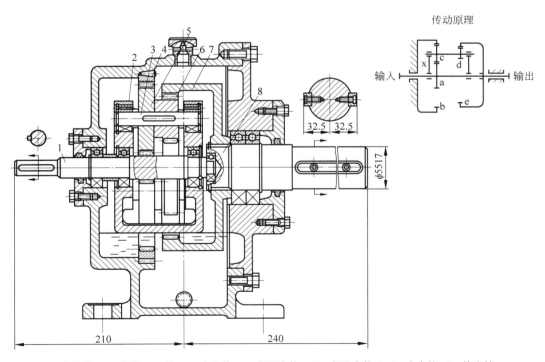

1—齿轮轴；2—转臂；3—轴；4—内齿轮；5—行星齿轮 c；6—行星齿轮 d；7—内齿轮；8—输出轴。

图 11-6　3Z(I)型行星齿轮减速器

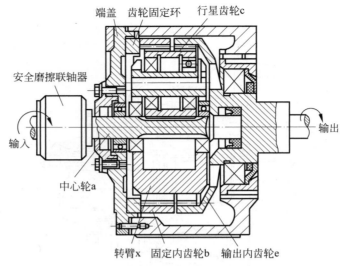

图 11-7　3Z 型行星齿轮减速器

11.4.2　中心轮的支承结构

由上述的行星齿轮传动结构图中可见,中心轮 a 的支承与转臂 x 的支承情况有着较密切的关系。在 2Z-X 型和 3Z 型行星传动中,中心轮 a 的输入轴端用向心球轴承支承安装在箱体上,另一轴端借助于向心球轴承或滚针轴承插入支承在输出的转臂 x 内。当中心轮 a 浮动时,它的轴与浮动齿轮联轴器的外齿半联轴套制成为一体或相连接。

在 2Z-X(A) 型行星齿轮传动中,当输入的中心轮 a 不浮动时,中心轮 a 应采取两端支承的方式(图 11-3)。其输入轴的一端采用向心球轴承,由转臂 x 支承;另一端采用滚针轴承,且插入到输出的转臂 x 内。

在 2Z-X(B) 型行星齿轮传动中,当中心轮 a 不浮动时,在轮 a 轴的输入端应采用两个向心球轴承,将其支承在箱体上,如图 11-8 所示。两个轴承的安装距离应尽可能增大些,这样才有利于减轻轴承的负荷。而中心轮 a 轴的另一端,其轴颈直径最小,故可采用较小尺寸的向心球轴承,而支承在转臂 x 上。

在 2Z-X(D) 型行星齿轮传动中,两中心轮 a 和 b(图 11-9)通常采用向心球轴承或调心球轴承或调心滚子轴承呈悬臂支承方式。但轮 a 和轮 b 的伸出轴端均采用两个轴承来支承着,两个轴承之间的安装距离应尽可能远一些,以利于减轻轴承的负荷。而且,两个中心轮 a 和 b 及其轴承应有可靠的轴向定位;即使有些轴向移动也应控制在一定限度之内。

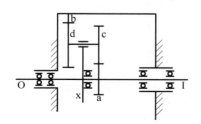

图 11-8　2Z-X(B) 型中心轮的支承方式

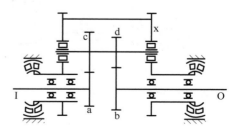

图 11-9　2Z-X(D) 型中心轮 a 和 b 的支承方式

　　对于 3Z 型行星齿轮传动,其中心轮 a 一般采取两端支承的方式(图 11-5),中心轮 a 轴的左端支承在箱体上,该轴的右端插入支承于内齿圈 e 内,转臂 x 又支承在中心轮 a 上。它们均采用向心球轴承支承,而内齿圈 e 与输出轴应牢固地连接成为一体而旋转。该输出轴应采用两个较大尺寸的向心球轴承支承于箱体的右侧端盖上,端盖用螺钉与箱体相连接。

　　对于不浮动的中心轮 a,如果该中心轮 a 的支承轴承承受着外载,则应以载荷的大小和性质通过相应的当量载荷计算,确定所需轴承的型号,但在高速行星齿轮传动中,还应验算中心轮 a 的支承轴承的极限转速,当滚动轴承不能满足使用要求时,则可以选用滑动轴承。因此,推荐该滑动轴承应按长度与直径之比 $l/d \leqslant 0.5 \sim 0.6$ 的值进行设计。为了便于拆装和检查行星传动中的零件,应采用轴向剖分式滑动轴承。

　　对于采用斜齿轮啮合齿轮副的行星齿轮传动,由于存在着轴向力的作用,因此,对于非浮动中心轮 a 轴向位置固定方式的选择,应根据其所承受的作用力大小和方向而决定。对于浮动的且又旋转的中心轮 a 轴向位置的固定,一般可通过浮动齿轮联轴器上的弹性挡圈(图 11-10)来固定。另外,还可以采用向心球面球轴承或向心球面滚子轴承来进行轴向定位。

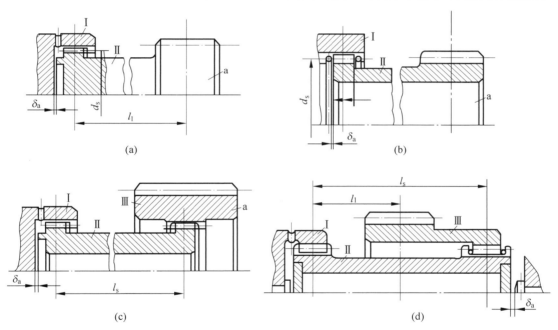

图 11-10　外啮合中心轮 a 的齿轮联轴器
(a) 单齿联轴器之一;(b) 单齿联轴器之一;(c) 双齿联轴器之一;(d) 双齿联轴器之一

　　在多级的行星齿轮传动中,各单级之间可以用齿轮联轴器作为浮动的中间构件相互连接起来(图 11-11);该齿轮联轴器的外齿半联轴套与浮动中心轮 a 的轴向定位,通常是采用圆形截面或矩形截面的弹性挡圈来实现(图 11-10)。而该中心轮 a 的轴向固定,应采用一些辅助的措施。例如,采用止推垫圈、球面顶块和向心球轴承等来固定。

　　如前所述,内齿轮可以借助于十字滑块联轴器,即通过齿轮固定环 2(图 11-12)将内齿轮与箱体的端盖 1 连接起来,也可以采用图 11-13 所示的内齿圈浮动的均载机构。另外,内齿轮也可以借助于各种弹性元件,如采用弹性销等实现内齿轮与箱体的连接(图 11-14),且使内齿轮浮动,以实现行星轮间载荷分布均匀的目的。

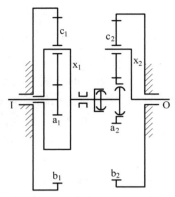

图 11-11　用齿轮联轴器连接的双级行星齿轮传动

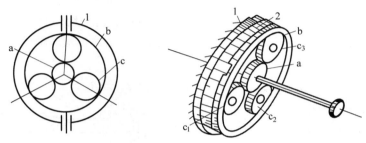

1—端盖；2—齿轮固定环。

图 11-12　内齿轮 b 浮动的行星轮传动

（a）内齿轮 b 浮动；（b）齿轮固定环浮动

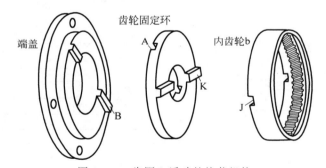

图 11-13　齿圈 b 浮动的均载机构

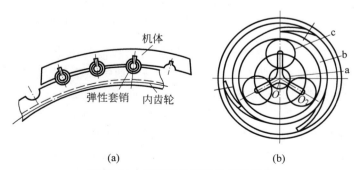

(a)　　　　　　　　　　(b)

图 11-14　采用弹性支承的均载机构

（a）弹性套销；（b）弹性板簧

11.4.3　行星轮结构及其支承结构

1. 行星轮结构

行星轮的结构应根据行星齿轮传动的类型、承载能力的大小、行星轮转速的高低和所选用的轴承类型及其安装形式而确定。

在大多数的行星传动中，行星轮应具有内孔，以便在该内孔中安装轴承或与心轴相配合。同时，这种带有内孔的行星轮结构，可以保证在一个支承和支承组件上的安装方便和定位精确。为了减少 n_p 个行星轮间的尺寸差异，可以将同一个行星齿轮传动中的行星轮组合起来一次进行加工，这样制造的行星轮可以装配在整体式转臂上(图 11-15)。

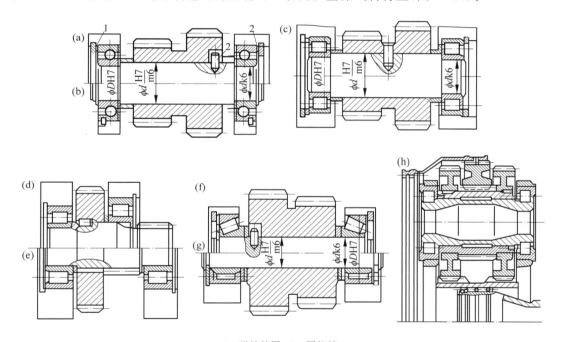

1—弹性挡圈；2—圆柱销。

图 11-15　轴承装在转臂侧板上的不同行星轮支承结构

对于直齿行星轮，应加工出符合技术要求的端面，以便借助于滚动轴承或弹性挡圈作轴向固定。在行星齿轮传动中，对于单齿圈行星轮，若采用斜齿轮，则会产生一定的轴向分力。此时，必须固定行星轮及其轴承的轴向位置。对于具有 c 轮和 d 轮组合的双联行星轮，若采用斜齿轮，可以选用 c 轮和 d 轮螺旋角 β_c 和 β_d 相匹配的、方向相反的斜齿行星轮，以便使其轴向力减至最小值或使其轴向力等于零。若采用人字齿行星轮，无需进行轴向位置固定，且在行星齿轮传动的工作过程中，该行星轮将会在不平衡的轴向力作用下产生轴向位移，有利于半人字齿行星轮间的载荷均匀分布。

对于整体式的双联行星轮，若其轮齿为软齿面(HB≤350)，需经调质后，再精切轮齿。为了减少双联行星轮的轴向尺寸，较少齿数的行星轮需采用插齿刀加工，大齿轮采用滚刀加工。但在大齿轮与小齿轮之间必须留有退刀槽，该退刀槽的宽度 b 可按表 11-5 选取。

表 11-5　插齿退刀槽宽度

模数 m_n	螺旋角 β				模数 m_n	螺旋角 β			
	0°	15°	23°	30°		0°	15°	23°	30°
1.5	5	5.5	6.5	7.5	5~6	8	10	12	15
2~3	6	7	8	10	8	10	12	15	18
4	7	8.5	10	12	10	11	15	18	22

如果双联行星轮的轮齿为硬齿面(HB>350),经表面淬火、渗碳或氮化后,再进行磨削加工。为了磨削轮齿和装配的方便起见,则应采用组合式的行星轮结构,即可将双联行星轮的两齿轮分开,分别进行磨削加工,然后再组装到行星轮轴上。具体的装配步骤是,先用花键或半圆键将大齿轮固定在小齿轮的轮体上,经试装合适后再用圆螺母紧固,然后,再配钻圆柱销孔,并打上销钉,以固定大、小齿轮之间的相互位置。这种行星轮的组合结构,装配时其大、小齿轮之间的轮齿相对位置可进行局部调整,所以无需满足限制各轮齿数的安装条件。

2. 行星轮的支承结构

由行星齿轮传动的原理可知,行星轮是支撑在动轴上的齿轮,即通过各类轴承将行星轮安装在转臂 x 的动轴上。而在行星齿轮传动中,行星轮的轴承是属于承受载荷最大的支承构件。在一般用途的机械传动中,如起重运输机械的主传动、军事装备、火炮和坦克及航空飞行器的驱动装置中,大都采用滚动轴承作为行星轮的支承。对于长期运动的、大功率的重载装置中的行星齿轮传动及船舶动力装置中的行星齿轮传动,一般采用滑动轴承作为行星轮的支承。此外,在高速的或径向尺寸受到限制的行星齿轮传动中,因采用滚动轴承,一般难于满足使用寿命的要求,因此,也可采用滑动轴承作为行星轮的支承。

1) 采用滚动轴承的行星轮支承结构

目前,在行星齿轮传动中一般大都采用滚动轴承的行星轮支承结构。为了减少行星齿轮传动的轴向尺寸,将使用寿命较大的滚动轴承直接装入行星轮的轮缘内是较合理的。但是,轴承的外圈旋转(一般情况是滚动轴承的内圈旋转),将使得滚动轴承的寿命有所降低(除球面轴承外)。

对于直齿的 2Z-X(A)型传动,可在行星轮的轮缘中仅安装一个滚动轴承作为其支承,但所选用的轴承必须具有限制其内外圈相对移动的特性,例如,单列向心球轴承、双列向心球面球轴承和双列向心球面滚子轴承等。对于斜齿轮和双联行星轮结构,不允许在行星轮的轮缘内仅安装一个滚动轴承作为其支承。这是由于行星轮在传动时受有啮合力产生的倾翻力矩的作用,从而使得其受力情况变得较差,会使该滚动轴承的寿命降低。

常用的行星轮支承结构,如图 11-16 所示。一般情况下,行星轮可用两个滚动轴承来支承,如图 11-16(a)~图 11-16(f)所示。由于轴承的安装误差和轴的变形等而引起的行星轮偏斜,则选用具有自动调心性能的球面滚子轴承是较为有效的(图 11-16(e))。但是,只有在使用一个浮动基本构件的行星传动中,行星轮才能选用上述自动调心轴承作为支承。

采用具有双向或仅为单向限制外圈轴向位移的成对轴承,同样也可以安装在行星轮轮缘内(图 11-16(a)~图 11-16(d))。为了避免轴承在载荷作用下,由于原始径向游隙(轴承未装上行星轮之前的)和轴径配合公差的不同而形成的行星轮偏斜,必须预先选定互相配套

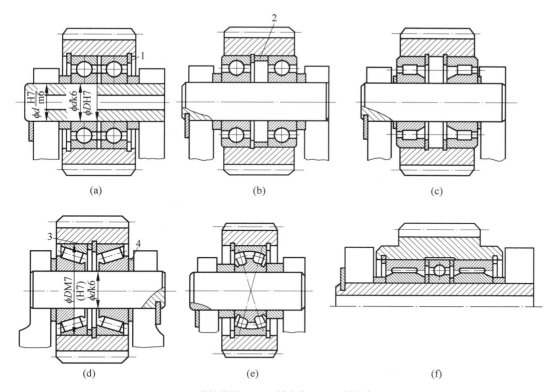

1—弹性挡圈；2、3—隔离套环；4—隔离套。

图 11-16　行星轮支承结构

的一对轴承。为了减小行星轮在载荷作用下产生的偏斜角,可适当增大两轴承之间的距离,此时,允许轴承的外圈突出到行星轮的轮缘之外(图 11-16(b)、图 11-16(c))。

　　窄系列和宽系列的单列向心短圆柱滚子轴承允许内外圈轴线的偏斜角为 $\Delta\alpha = 2° \sim 4°$。由于采用鼓形圆柱滚子轴承,该类型轴承在偏斜的条件下不会影响其寿命。

　　为了减小径向尺寸或当行星轮直径较小,若装入普通标准轴承不能满足承载能力的要求时,需采用专用的非标准轴承,即可以采用无内(外)圈或无内外圈的滚针轴承结构(图 11-15)。因此,行星轮的心轴和它的轮缘内表面都可以为轴承的滚道。该心轴和行星轮应选用滚动轴承钢或渗碳合金钢,经热处理后其硬度为 $61 \sim 65$ HRC。

　　非标准(内外圈)的、带有圆柱滚子的行星轮支承,可以具有较小的径向尺寸和承受较大的径向载荷的能力。在结构上可采用双列短圆柱滚子,并使用隔离套筒将两列短滚子隔开,以代替长圆柱滚子。

　　当采用滚针轴承作为行星轮支承时,由于它对轴的变形或安装误差非常敏感,故不允许内外圈的轴线倾斜(图 11-16(f))。

　　当行星轮的直径很小,在行星轮轮缘内根本不能容纳可满足承载能力要求的轴承时,则可采用将滚动轴承安装在转臂侧板上的行星轮支承结构,如图 11-15 所示。这种支承结构较显著的优点是由于两支承间的距离增大了,则可以减小由轴承径向游隙引起的行星轮的偏斜角。但它的缺点是使转臂的结构变得较复杂,整个机构的轴向尺寸有所增大。所以,对用于支承行星轮的径向尺寸大的滚动轴承,只能装在转臂的侧板上。在此情况下,是靠增大行星机构的轴向尺寸来提高滚动轴承的承载能力和使用寿命的。为了便于装配,可以采用双侧板分开式的转臂。

采用内圈一侧无挡边的单列向心短圆柱滚子轴承的支承结构(图 11-15(d)),能够增大滚动体的直径,以提高轴承的承受载荷能力。当上述支承结构的径向尺寸受到限制时,则可采用无内圈(心轴兼作内圈)的轴承结构,如图 11-15(h)所示。

采用成对使用的单列圆锥滚子轴承作为行星轮支承时,其工作能力取决于轴向游隙的调整。对于轴向游隙的调整,一般是靠调整轴承中较松配合的非旋转圈来实现的。因此,对于滚动轴承装在行星轮轮缘内的支承结构,要求加工转臂侧板内端面和隔离套(图 11-16);对于滚动轴承装在转臂侧板孔内的支承结构,要求采用隔离套环 1(图 11-15)。对于承受由啮合作用力引起的倾翻力矩作用的斜齿轮和双齿圈行星轮,精确地调整其轴向游隙值是非常重要的。对于心轴较短的行星轮轴承,其轴向游隙值可减少到接近于零。如果行星轮不能采用上述的单列圆锥滚子轴承作为其支承,则应选用高精度的、径向游隙小的不能调整游隙的单列向心短圆柱滚子轴承(内圈一侧无挡边的)或滚针轴承,如图 11-15(e)或图 11-15(g)所示。

滚动轴承内圈与行星轮心轴、外圈与行星轮轮缘内孔或转臂侧板孔的配合将影响轴承游隙,轴承游隙的大小不仅影响它的运转精度、温升和噪声,也影响到轴承的寿命。同时,还影响到行星轮的偏斜程度。对于旋转精度和支承刚度要求较高的行星轮,应尽可能地消除其轴承的游隙。一般轴承孔与心轴的配合取(特殊的)基孔制,轴承外圈与孔的配合取基轴制。对于直接装在行星轮轮缘内的滚动轴承,由于该轴承的外圈为旋转圈,所以外圈通常取具有过盈的过渡配合,如 n6、m6、k6、js6 等;内圈通常取较松的过渡配合,如 J7、J6、H7、G7 等。对于装在转臂侧板上支承行星轮的滚动轴承,由于该轴承的内圈为旋转圈,故该轴承内、外圈的配合,正好与上述配合情况相反。滚动轴承内圈与行星轮心轴、外圈与行星轮轮缘内孔或与转臂侧板上的孔的具体配合示例可参见图 11-15 和图 11-16。为了提高装配质量,在装配时,对于紧配合的旋转圈可采用加热(油中的预热温度为 $80\sim100$℃)或冷却的方法进行装配。

对于图 11-16 和图 11-16 所示的各种行星轮支承结构而言,其轴承的拆卸都很方便,最好使用拆卸器进行操作。图 11-16(a)、(e)、(f)所示的支承结构,其滚动轴承组件本身均便于拆卸。图 11-16(b)和(d)上的隔离套环和隔离套可使滚动轴承组件便于拆卸。在图 11-15(a)和(b)所示的支承结构上,可采用拔去圆柱销的办法,将轴承外圈从转臂侧板孔内移出。拆卸图 11-16(c)所示的轴承组件时,可能会使内外圈的止推挡边产生损坏。在拆卸图 11-15(c)所示的轴承组件时,为了避免损坏轴承挡边,应在行星轮端面和轴承外圈之间设置开有切口的弹性挡圈。

11.4.4 转臂的结构及其支承结构

1. 转臂的结构

转臂 x 是行星齿轮传动中的一个较重要的构件。一个结构合理的转臂 x 应当是外廓尺寸小,质量小,具有足够的强度和刚度,动平衡性好,能保证行星轮间的载荷分布均匀,而且应具有良好的加工和装配工艺。可使行星齿轮传动具有较大的承载能力、较好的传动平稳性及较小的振动和噪声。

由于在转臂 x 上一般安装有 n_p 个行星轮的心轴或轴承,所以它的结构较复杂,制造和安装精度要求较高。尤其当转臂 x 作为行星齿轮传动的输出基本构件时,它所承受的外转矩最大,即承受着输出转矩。

目前,较常用的转臂结构有双侧板整体式、双侧板分开式和单侧板式三种类型。

1) 双侧板整体式转臂

在行星轮数 $n_p \geqslant 2$ 的 2Z-X 型传动中,一般采用如图 11-17 所示的双侧板整体式转臂。当传动比如 2ZX(A)型的传动比 $i_{aH}^b > 4$ 较大时,行星轮的轴承一般应安装在行星轮轮缘孔内,在此情况下采用这种结构类型的转臂较合理。

对于尺寸较小的整体式转臂结构,可以采用整体锻造毛坯来制造,但其切削加工量较大。因此,对于尺寸较大的整体式转臂结构,可采用铸造和焊接的方法,以获得形状和尺寸较接近于实际转臂的毛坯。但在制造转臂的工艺过程中,应注意消除铸造或焊接的内应力和其他缺陷,否则将会影响到转臂的强度和刚度,而致使其产生较大的变形,影响行星齿轮机构的正常运转。

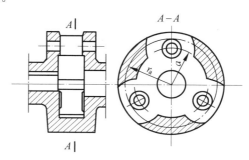

图 11-17 双侧板整体式转臂

还应该指出,在加工转臂时,应尽可能地提高转臂 x 上的行星轮心轴孔(或轴承孔)的位置精度和同轴度,以减小行星轮间载荷分布的不均匀性。

2) 双侧板分开式转臂

双侧板分开式转臂(图 11-18)的结构特点是将一块侧板装配到另一块侧板上,所以又称为装配式转臂,其结构较复杂,这主要与行星齿轮传动机构的安装工艺有关。当传动比较小,例如,2Z-X(A)型的传动比 $i_{aH}^b < 4$ 时,因行星轮的直径较小,行星轮的轴承通常需要安装在转臂的侧板孔内。此时,采用双侧板分开式的转臂,可使其装配较方便。另外,为了简化转臂毛坯的制造(如采用模锻成型),采用分开式的转臂结构,与整体式的转臂结构比较在制造工艺上要方便得多。

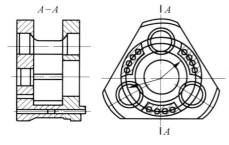

图 11-18 双侧板分开转臂

在双侧板整体式和双侧板分开式转臂中,均可采用连接板(连接块)将两块侧板连接在一起。整体式转臂的毛坯是采用锻造、铸造或焊接的方式得到的,即在其毛坯上已将两侧板与连接板制成一个整体。而分开式转臂的两块侧板是采用不同的毛坯分别制造的,然后用螺钉将一块侧板连接到另一块侧板(含连接板的)上(图 11-18),这样的连接方式便于安装和拆卸。转臂 x 中所需连接板的数目一般应等于行星轮数 n_p。如果两侧板上不安装行星轮轴承(只安装心轴)时,它们的壁厚一般为 $\delta = (0.2 \sim 0.3)a'$,其中 a' 为实际的啮合中心距。为了避免行星轮旋转时与转臂 x 产生碰撞,在转臂上需要切制的沟槽宽度,

一般为 $b_c = (d_a)_c + (5 \sim 10)\text{mm}$,其中,$(d_a)_c$ 为行星轮的齿顶圆直径。而转臂的外圆直径 D 与啮合中心距 a' 和转臂侧板内是否安装行星轮轴承,以及转臂与润滑油面的高度等都有关系。一般情况下,其外圆直径为 $D \approx 2d_c$,其中,d_c 为行星轮分度圆直径。

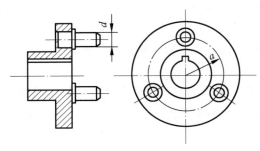

图 11-19　单侧板式转臂

3) 单侧板式转臂

如图 11-19 所示,单侧板式转臂的结构较简单。但其最明显的缺点是行星轮为悬臂布置,受力情况不好。转臂 x 上安装行星轮的轴应按悬臂梁计算,轴径 d 应按弯曲强度和刚度确定。轴径与转臂 x 上轴孔之间的配合长度,一般可按关系式 $l = (1.5 \sim 2.5)d$ 选取。轴与孔应采取过盈配合,如采取 H7/u6 和 H8/u7 的配合。

2. 转臂的支承结构

如前所述,转臂 x 的支承与中心轮 a 的支承存在着较密切的关系,在 2Z-X 型和 3Z 型行星齿轮传动中,当中心轮 a 为输入件时,转臂 x 靠近输入端的一侧可采用两个大小不同的向心球轴承分别支承安装在中心轮的轴和箱体上,其输出轴端应采用一个较大的向心球轴承支承安装在箱体上(图 11-3)。另外,当转臂 x 不与输入轴或输出轴联成为一体时,它通常采用两个向心球轴承支承安装在中心轮 a 的轴上(图 11-6)。

在 2Z-X(A) 型行星齿轮传动中,其一侧安装在箱体上,另一侧可采用两个向心球轴承支承安装在中心轮 a 和箱体之间(图 11-5)。

在 2Z-X(B) 型行星齿轮传动中,当转臂 x 为输出构件时,由于该输出轴的转矩为最大,故在其输出端应采用两个向心球轴承支承安装在箱体上;而且该两个轴承之间的距离应尽可能远一些,以利于减轻轴承的负荷(图 11-8)。

在 2Z-X(D) 型行星齿轮传动中,转臂 x 一般可采用 4 个向心球轴承分别支承安装在中心轮 a 和 b 上,其外侧还需采用一个调心球轴承支承安装在箱体上(图 11-9);或者其一侧采用两个向心球轴承支承安装在中心轮 a 和箱体之间,另一侧采用一个向心球轴承支承安装在中心轮 b 上(图 11-10)。

对于 3Z 型行星齿轮传动,由于其转臂 x 仅起着支持行星轮心轴的作用,而不承受外载荷,故该转臂 x 一般可以采用两个向心球轴承支承安装在中心轮 a 的轴上(图 11-6 和图 11-7)。

总之,如果转臂的轴是承受着外载荷,则应以所承受载荷的大小和性质通过相应的当量载荷计算,确定其所需采用的轴承型号。如果转臂 x 的轴不承受外载荷(即不承受原动机或工作机械的径向和轴向载荷),当行星轮数 $n_p \geqslant 3$ 时,该转臂 x 所需的滚动轴承可按其支承构件(如中心轮 a)的轴颈来选取。通常,为了减小外形尺寸,可选取轻型或特轻型的向心球轴承。但在高速运行的行星齿轮传动中,必须验算转臂 x 的支承轴承的极限转速。当其支承的滚动轴不能满足使用要求时,则可选用滑动轴承。

在斜齿轮啮合的行星传动中,由于存在着轴向力的作用,对于该转臂 x 的支承需要采用向心推力轴承。

对于浮动且旋转的转臂 x 轴向位置的固定,一般可通过齿轮联轴器上的弹性挡圈来固定。此外,仍可以采用调心球轴承或调心滚子轴承来进行轴向定位,并且,还应将该转臂 x 与其他构件相互隔开。因为在行星齿轮传动中,行星轮与转臂 x 一起会沿着中心轮 a 的轴向产生移动。所以,如果不将它与其他构件隔开,它将会在行星齿轮传动的运转过程中与其他构件产生碰撞,甚至损坏构件,而致使行星齿轮传动产生完全破坏的严重后果。

3. 转臂的制造精度

由于在转臂 x 上支承和安装着 $n_p(n_p \geqslant 3)$ 个行星轮的心轴,因此,转臂 x 的制造精度对行星齿轮传动的工作性能、运动的平稳性和行星轮间载荷分布的均匀性等都有较大的影响。在制定其技术条件时,应合理地提出精度要求,且严格地控制其形位偏差和孔距公差等。

1) 中心距极限偏差 f_a

在行星齿轮传动中,转臂 x 上各行星轮轴孔与转臂轴线的中心距偏差的大小和方向,可能增加行星轮的孔距相对误差 δ_1 和转臂 x 的偏心量,且引起行星轮产生径向位移,从而影响到行星轮的均载效果。所以,在行星齿轮传动设计时,应严格地控制中心距极限偏差值 f_a。要求各中心距的偏差大小相等、方向相同;一般应控制中心距极限偏差 $f_a = 0.01 \sim 0.02$mm 的范围内。该中心距极限偏差 $\pm f_a$ 之值应根据中心距 a' 值,按齿轮精度等级按照表 11-6 选取,或按式(11-26)计算,即

$$f_a \leqslant \frac{8\sqrt[3]{a'}}{1000} \tag{11-26}$$

式中,a'——齿轮副的实际中心距,mm。

表 11-6　中心距极限偏差 $\pm f_a$

单位:μm

精度等级	$f_a/$ μm	齿轮副的中心距										
		$6 \sim$ 10	$10 \sim$ 18	$18 \sim$ 30	$30 \sim$ 50	$50 \sim$ 80	$80 \sim$ 120	$120 \sim$ 180	$180 \sim$ 250	$250 \sim$ 315	$315 \sim$ 400	$400 \sim$ 500
$7 \sim 8$	$\frac{1}{2}$IT8	11	13.5	16.5	19.5	23	27	31.5	36	40.5	44.5	46.5
$9 \sim 10$	$\frac{1}{2}$IT9	18	21.5	26	31	37	43.5	50	57.5	65	70	77.5

2) 各行星轮轴孔的孔距相对偏差 δ_1

由于各行星轮轴孔的孔距相对偏差 δ_1 对行星轮间载荷分布的均匀性影响很大,所以必须严格控制 δ_1 值的大小。而 δ_1 值主要取决于各轴孔的分度误差,即取决于机床和工艺装备的精度。一般 δ_1 值可按式(11-27)计算,即

$$\delta_1 \leqslant \pm (3 \sim 4.5) \frac{\sqrt{a'}}{1000} \tag{11-27}$$

式中,括号中的数值,高速行星齿轮传动取小值,一般中低速行星传动取较大值。

3) 转臂 x 的偏心误差 e_x

推荐 e_x 值不大于相邻行星轮轴孔的孔距相对偏差 δ_1 的 1/2,即

$$e_x \leqslant \frac{1}{2} \delta_1 \tag{11-28}$$

4）各行星轮轴孔平行度公差

各行星轮轴孔对转臂 x 轴线的平行度公差 f'_x 和 f'_y 可按相应的齿轮接触精度要求确定,即 f'_x 和 f'_y 是控制齿轮副接触精度的公差,其值可按下式计算,即

$$f'_x = f_x \frac{B}{b} \tag{11-29}$$

$$f'_y = f_y \frac{B}{b} \tag{11-30}$$

式中,f_x 和 f_y——在全齿宽上,x 方向和 y 方向的轴线平行度公差,按 GB/T 10095.1—2022 选取;

　　　　B——转臂 x 上两臂轴孔对称线(支点)间的距离;

　　　　b——齿轮宽度。

5）平衡性要求

为了保证行星齿轮传动运转的平稳性,对中、低速行星传动的转臂 x 应进行静平衡;许用不平衡力矩 T_p 可按表 11-7 选取。对于高速行星传动,其转臂 x 应在其上全部零件装配完成后进行该部件的动平衡。

表 11-7　转臂 x 的许用不平衡力矩 T_p

转臂外圆直径 D/mm	<200	200～300	300～500
许用不平衡力矩 T_p/(N·m)	0.15	0.25	0.50

6）浮动构件的轴向间隙

如前所述,在行星齿轮传动中,上述各基本构件(中心轮 a、b、e 及转臂 x)均可以进行浮动,以便使其行星轮间载荷均匀分布。但是,在进行各浮动构件的结构设计时,应注意在每个浮动构件的两端与其相邻零件间需留有一定的轴向间隙。通常,选取轴向间隙 $\delta = 0.5 \sim 1.5$ mm,否则,如果相邻两零件接触,不仅会影响浮动和均载效果,还会导致摩擦发热和产生噪声。轴向间隙的大小通常是通过控制有关零件轴向尺寸的制造偏差和装配时固定有关零件的轴向位置或修配有关零件的端面来实现。对于小尺寸、小规格的行星齿轮传动其轴向间隙可取小值,对于较大尺寸、大规格的行星传动其轴向间隙可取较大值。

11.5　技　术　条　件

1. 行星传动的齿轮精度

在行星传动中的齿轮大都采用渐开线圆柱齿轮,应符合 GB/T 10095.1—2022《渐开线圆柱齿轮精度》的规定。该行星传动中的各个齿轮应根据其用途和工作条件来选择精度。对于行星传动中各轮的精度等级,推荐如下所示。

（1）中心轮 a、行星轮 c 和 d,可采用 6～7 级。

（2）内齿轮 b 和 e 可采用 7～8 级。

（3）轮齿工作面的表面粗糙度:齿轮精度为 6 级,可选其表面粗糙度 $Ra \leqslant 1.6 \mu m$。齿

轮精度为 7～8 级,均可选其表面粗糙度 $Ra \leqslant 3.2 \mu m$。

2. 齿顶圆直径偏差

行星传动中各轮的齿顶圆直径 d_a 偏差,应根据其所采用的精度等级而确定。

（1）中心轮 a、行星轮 c 和 d　齿轮 a、c 和 d 的精度为 6 级,其齿顶圆直径 d_a 可采用基轴制,偏差为 h7。精度为 7～8 级,d_a 可采用基轴制偏差为 h8。

（2）内齿轮 b 和 e　内齿轮 b 和 e 的精度为 6 级,其齿顶圆直径 d_a 可采用基孔制偏差为 H7。精度为 7 级,其齿顶圆直径 d_a 可采用基孔制偏差为 H8。精度为 8 级,其 d_a 可采用偏差为 H9。

一般各齿轮齿顶圆的表面粗糙度 $Ra = 3.2 \mu m$。若采用齿顶圆定位,即将它加工为定位面,其表面粗糙度 $Ra = 1.6 \mu m$；非定位面的表面粗糙度 $Ra \leqslant 6.3 \mu m$。

有关参考资料推荐了 4～9 级精度齿轮齿面粗糙度的数值,参见表 11-8。

表 11-8　齿面粗糙度

齿轮精度等级	4		5		6		7		8		9	
齿面状况	硬	软	硬	软	硬	软	硬	软	硬	软	硬	软
齿面粗糙度 $Ra / \mu m$	$\leqslant 0.4$		$\leqslant 0.8$		$\leqslant 1.6$	$\leqslant 0.8$	< 1.6	$\leqslant 1.6$	$\leqslant 3.2$		$\leqslant 6.3$	$\leqslant 3.2$	$\leqslant 6.3$

3. 其他零件精度

（1）机体各轴孔的同轴度公差不低于 GB/T 1800.2—2020 形位公差标准 8 级精度。

（2）机体各轴孔相对于基准外圆的径向跳动和轴承孔挡肩的端面跳动公差不低于 GB/T 1800.2—2020 形位公差标准 6～7 级精度。

4. 齿轮材料及热处理

在行星齿轮传动中,齿轮材料的选择应考虑到齿轮传动的工作情况（如载荷性质和大小、工作环境等）、加工工艺和材料来源及经济性等条件。由于齿轮材料及其热处理是影响齿轮承载能力和使用寿命的关键因素,也是影响齿轮生产质量和加工成本的主要条件,选择齿轮材料的一般原则是：既要满足其性能要求,保证齿轮传动的工作可靠、安全；同时,又要使其生产成本较低。例如,对于高速重载、冲击较大的运输车辆和装甲车辆的行星齿轮传动装置,应选用渗碳钢 20CrMnTi 或力学性能相当的其他材料（如 30CrMnTi 等）。经渗碳或表面淬火,使其齿面硬度较高,中心韧性较好。对于中、低速重载的重型机械和较重型军用工程机械的行星齿轮传动装置,应选用调质钢 40Cr、35SiMn 和 35CrMnSi 等材料。经正火、调质或表面淬火,使其机械强度、硬度和韧性等综合性能较好。对于载荷较平稳的一般机械传动装置中的行星齿轮传动,可选用 45、40Cr 或力学性能相当的其他材料,如 50SiMn、42CrMo 和 37SiMn2MoV 等,经正火或调质处理,以获得相当的强度和硬度等力学性能。除考虑齿轮的工作条件外,选择齿轮材料时还要考虑齿轮的构造和材料的供应情况。总之,对于要求结构紧凑、外形尺寸小的行星传动中的齿轮,一般都是采用优质钢材,如优质碳素钢和合金结构钢,使行星齿轮传动装置的结构紧凑、质量小、承载能力高。制造齿轮的钢材,一般应根据其齿面的硬度要求,按如下两种情况来进行选择。

1) 软齿面(硬度不大于 350HB)齿轮材料的选择

由于软齿面的硬度较低,故其承载能力不很高。对于这类齿轮一般应选用中碳钢 40、45、50 和中碳合金钢 40Cr、45Cr、40MnB、35SiMn、38SiMnMo、35CrMnSi、35SiMn2MoV 等。选用这类材料的齿轮,一般在毛坯热处理后进行切齿,可以消除热处理变形对齿轮精度的影响。

对于上述材料较常用的热处理方法有以下两种。

(1) 调质处理(即淬火后高温回火)上述材料经调质处理后,可以获得良好的综合力学性能(即具有较高的强度和硬度及较好的韧性),其硬度在 200～300HB 的范围内,适用于中速、中等载荷下工作的齿轮。齿面的精加工可在热处理后进行,以消除热处理变形,保持齿轮的精度。

(2) 正火处理(加热保温后空气中冷却)正火处理后的综合力学性能不如调质处理,其硬度在 160～210HB 范围内,多用于直径很大,强度要求不高的齿轮传动。

2) 硬齿面(硬度大于 350HB)齿轮材料的选择

由于硬齿面的硬度较高,所以其承载能力较大。对于这类齿轮一般应选用中碳钢 35、45,中碳合金钢 40Cr、35SiMn、40MnB,以及渗碳钢(低碳合金钢)20Cr、20CrMnTi、20MnVB,氮化钢 38CrMoA1A 等,选用这类材料的齿轮必须在切制轮齿后进行热处理(硬化处理)。

对于上述材料通常可采用下列 3 种热处理方法。

(1) 表面淬火。中碳钢和中碳合金钢经表面淬火后轮齿表面硬度高,接触强度较高,抗点蚀能力强,耐磨性能好。由于轮齿心部具有较高的韧性,所以可承受一定的冲击载荷。同时,轮齿表面经硬化后产生了残余压缩应力,较大地提高了齿根强度。表面淬火通常可达到的硬度范围为:中碳合金钢 45～55HRC,优质碳素钢 40～50HRC。

(2) 渗碳淬火。低碳钢和低碳合金钢经渗碳淬火后,齿面硬度很高,接触强度高,抗点蚀能力很强,耐磨性能很好。轮齿心部具有很好的韧性,表面经硬化后产生了残余压缩应力,大大提高了齿根强度,渗碳淬火后一般齿面硬度为 56～62HRC。由于热处理变形较大,热处理后需要磨齿,增加了加工成本,但是可以获得高精度的齿轮。

(3) 氮化。氮化钢经氮化后,可以获得很高的齿面硬度,一般可达 62～67HRC,具有较强的抗点蚀和耐磨性能,齿轮心部具有较高的韧性。为提高心部强度,对中碳钢需先进行调质处理。由于氮化是一种化学热处理,加热温度低,故其变形很小,氮化后不需要磨齿。氮化的硬化层很薄,其承载能力不及渗碳淬火后的齿轮,所以它不适用于冲击载荷下的工作条件。除此之外,氮化处理的成本高。氮化后齿轮主要用于接触强度高和耐磨性要求很高的行星齿轮传动装置。

软齿面的工艺过程较简单,适用于一般中、小功率的行星齿轮传动。通常,应考虑到啮合齿轮副中的小齿轮受载次数较多、易磨损,所以在选择材料和热处理时,应使小齿轮齿面硬度稍高一些(比大齿轮约高 20～40HB),齿数比越大,硬度差也要加大。对于采用硬齿面的行星齿轮传动,其啮合齿轮副中的大、小齿轮的齿面硬度应大致相同。

为了提高抗齿面胶合的能力,建议在行星齿轮传动中,各啮合齿轮副中的小齿轮和大齿轮选用不同牌号的材料来制造。对于重要行星传动的齿轮,轮齿表面应采用高频淬火,并沿齿沟进行。对于用滚刀切制的齿轮,被加工齿轮的齿面硬度一般不应超过 300HB;个别的情况下,对于尺寸较小的齿轮允许其硬度达到 320～350HB。

　　一般情况下,中心轮 a 同时与几个行星轮啮合,载荷循环次数最多;行星轮 c 是公用齿轮,齿上受双向弯曲应力,因此中心轮和行星轮应选用强度较高的合金钢,如 20CrMnTi,采用表面淬火、渗碳淬火和氮化等热处理方法。内齿轮强度一般裕量较大,可采用稍差一些的材料和较低的齿面硬度,通常是调质处理,如 40Cr,调质,也可表面淬火或氮化。

第 12 章

项目设计例题

12.1 微型一级行星齿轮减速器设计

12.1.1 设计题目

高精度行星齿轮减速器是微型传动中的主要传动部件。NGW 型行星齿轮传动与普通定轴圆柱齿轮传动相比较，主要优点是体积小、质量轻、传动比大、效率高；缺点是结构复杂，制造和安装要求较高。NGW 型是行星齿轮传动中应用最广泛的一种型式，其单级传动比常用 2.7~12，效率 $\eta = 0.97 \sim 0.99$；两级传动比常用 10~110，效率 $\eta = 0.94 \sim 0.97$。本设计需根据所给原始数据，完成高精度行星齿轮减速器的结构设计，其结构简图如图 12-1 所示。要求减速器每天工作 8h，使用寿命 5 年。

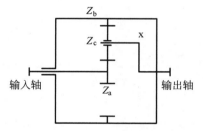

图 12-1 微型一级行星齿轮减速器简图

设计原始数据如表 12-1 所示。

表 12-1 原始数据

序号	减速比 i_p	输入功率/kW	输入转速/(r·min^{-1})	传动比偏差
1	5	0.40	3000	<0.05

12.1.2 齿轮部分设计计算

1. 微型一级行星齿轮传动类型分析

根据上述的已知条件、要求和传动简图，该微型一级行星齿轮传动为 2Z-X(A) 型单级的形式，如图 12-1 所示，其结构简单、紧凑，制造方便、容易。

2. 配齿计算

根据给定传动比选择行星轮个数 $n_p = 3$。

由式 $\dfrac{i_{aH}^{b} z_a}{n_p} = C$，取中心轮齿数 $z_a = 27$，则：

$$C = \frac{5 \times 27}{3} = 45$$

其内齿轮齿数为

$$z_b = Cn_p - z_a = 45 \times 3 - 27 = 108$$

其行星轮齿数为

$$z_c = \frac{z_b - z_a}{2} = 40.5$$

因为 z_c 不是整数,需要采用角度变位传动,将 z_c 取整以减少齿数来适应变位的需要,所以取 $z_c = 40$。

验证邻接条件公式为

$$(z_a + z_c) \sin \frac{180°}{k} > z_c + 2h_a^*$$

将数据代入,即

$$(27 + 40) \sin \frac{180°}{3} = 58 > 40 + 2 = 42$$

3. 初步设计计算齿轮的主要参数

对于 2Z-X(A)型行星齿轮传动,应按其齿面接触强度的初算公式来计算中心轮 a 的分度圆直径 d_1,因所设计的齿轮为斜齿轮,则:

$$d_1 = K_d \sqrt[3]{\left(\frac{T_1 K_A K_{H\Sigma} K_{Hp}}{\phi_d \sigma_{Hlim}^2} \times \frac{u \pm 1}{u} \right)}$$

其中,K_d——算式系数;钢对钢齿轮副,直齿轮传动 $K_d = 768$,斜齿轮传动 $K_d = 720$;

T_1——齿轮副中小齿轮的额定转矩,N·m;

K_A——使用系数,按表 12-3 选取;

$K_{H\Sigma}$——综合系数,按表 12-3 选取;

K_{Hp}——计算接触强度的行星轮间载荷分布不均匀系数,见表 12-4;

ϕ_d——小齿轮的宽度系数,见表 12-5;

σ_{Hlim}——材料的接触疲劳强度极限;

u——齿数比,$u = z_2 / z_1$;"+"号用于外啮合,"-"号用于内啮合。

表 12-2　使用系数 K_A

原动机工作特性	工作机的工作特性			
	均匀平稳	轻微冲击	中等冲击	严重冲击
均匀平稳(电动机、汽轮机)	1.00	1.25	1.50	1.75
轻微冲击(电动机,常启动)	1.10	1.35	1.60	1.85
中等冲击(多缸内燃机)	1.25	1.50	1.75	2.0

表 12-3　综合系数 $K_{H\Sigma}$、$K_{F\Sigma}$

行星轮数	$K_{H\Sigma}$	$K_{F\Sigma}$	行星轮数	$K_{H\Sigma}$	$K_{F\Sigma}$
$n_p \leqslant 3$	1.8~2.4	1.6~2.2	$n_p > 3$	2~2.7	1.8~2.4

表 12-4　计算接触强度的行星轮间载荷分布不均匀系数 $K_{Hp}(n_p=3)$

齿轮精度等级	工作机的工作特性			
	中心轮 a	内齿轮 b	转臂 x	中心轮 a 和转臂 x
6	1.05	1.10	1.20	1.10
7	1.10	1.15	1.25	1.15

表 12-5　行星齿轮传动齿宽系数 ϕ_d(2Z-X(A)型)

传动类型	a-c 齿轮副	b-c 齿轮副
2Z-X(A)型	$\phi_{da} \leqslant 0.75$ $\phi_{dc} = \dfrac{z_a}{z_c}\phi_{da}$	$\phi_{db} \leqslant 0.10 \sim 0.18$

a-c 啮合齿轮副的小齿轮(中心轮 a)的额定转矩为

$$T_1 = 9549\,\frac{P_1}{n_p n_1}$$

已知：$P_1 = 400\text{W}, n_1 = 3000\text{r/min}, n_p = 3$ 代入上式,可得

$$T_1 = 9549 \times \frac{0.40}{3 \times 3000}(\text{N} \cdot \text{m}) = 0.424(\text{N} \cdot \text{m})$$

由表 12-2 可知,根据无冲击载荷,查得使用系数 $K_A = 1.00$;由表 12-3 查得综合系数 $K_{H\Sigma} = 2, K_{F\Sigma} = 2$;行星轮间载荷分配不均匀系数可按表 12-4 查得,中心轮 $K_{Hp} = 1.10$;为了适应装配需要,小齿轮的齿宽系数取 $\phi_d = 1$;齿数比 $u = \dfrac{z_c}{z_a} = \dfrac{40}{27} = 1.48$。参照该微型行星齿轮传动的受载及其使用情况,选中心轮 a 的材料为 40Cr,其接触疲劳极限为 $\sigma_{Hlim} = 600\text{N/mm}^2$ 可得

$$d_1 = 720 \times \sqrt[3]{\left(\frac{0.424 \times 1.00 \times 2 \times 1.10}{1 \times 600^2} \times \frac{1.48+1}{1.48}\right)}\,\text{mm} = 13.26\text{mm}$$

已知：$z_a = 27$,则可得齿轮法向模数 $m_n = \dfrac{d_1}{z_a} = \dfrac{13.26}{27}\text{mm} = 0.49\text{mm}$,取模数 $m_n = 0.5\text{mm}$。

4. 几何尺寸计算

根据中心轮齿数 $z_a = 27$,行星轮齿数 $z_c = 40$,初选螺旋角 $\beta = 12°$,压力角 $\alpha = 20°$,$d_1 = 13.26\text{mm}, m_n = 0.5\text{mm}$。

计算中心距为

$$a_{ac} = \frac{(z_a + z_c)m_n}{2\cos\beta} = \frac{(27+40) \times 0.5}{2 \times \cos 12°}\text{mm} = 17.12\text{mm}$$

为提高外啮合的接触强度,初定啮合角

$$\alpha'_{ac} = 25°$$

计算外啮合的分度圆分离系数 y'_{ac} 为

$$y'_{ac} = \frac{z_a + z_c}{2}\left(\frac{\cos\alpha}{\cos\alpha'_{ac}} - 1\right) = 1.23$$

计算实际中心距并圆整：

$$a'_{ac} = \left(\frac{z_a + z_c}{2} + y'_{ac}\right)m = 17.37\text{mm}$$

中心距圆整为 17.5mm。

实际分度圆分离系数为

$$y_{ac} = \frac{a'_{ac} - a_{ac}}{m} = 0.76$$

计算实际啮合角：

$$\cos\alpha'_{ac} = \frac{a_{ac}}{a'_{ac}}\cos\alpha$$

$$\alpha'_{ac} = 23.18°$$

确定总变位系数 $x_{\sum ac}$ 及分配两齿轮的变位系数 x_a 和 x_c：

$$z_{\sum ac} = z_a + z_c = 67$$

$$x_{\sum ac} = \frac{z_a + z_c}{2\tan\alpha}(\text{inv}\alpha'_{ac} - \text{inv}\alpha_{ac}) = 0.80$$

按 $u = \frac{z_c}{z_a} = 1.48$，查图 11-2 得 $x_a = 0.35$，$x_c = 0.8 - 0.35 = 0.45$。

计算齿顶高变动系数：

$$\sigma = x_{\sum ac} - y_{ac} = 0.8 - 0.76 = 0.04$$

计算内啮合的啮合角：

$$\cos\alpha'_{cb} = \frac{m(z_b - z_c)}{2a'_{ac}}\cos\alpha$$

$$\alpha'_{cb} = 24.10°$$

$$x_{\sum cb} = \frac{z_b - z_c}{2\tan\alpha}(\text{inv}\alpha'_{cb} - \text{inv}\alpha) = 1.10$$

$$x_b = x_{\sum cb} + x_c = 1.55$$

对于每一级齿轮来说，应将其分成 a-c 和 b-c 两个齿轮副，其中 a-c 齿轮副是外啮合传动，b-c 齿轮副是内啮合传动，现将各齿轮副的计算结果列入表 12-6。

表 12-6　齿轮副计算结果

项　　目	计　算　公　式	a-c 啮合齿轮副	b-c 啮合齿轮副
分度圆直径/mm	$d_1 = mz_1/\cos\beta$ $d_2 = mz_2/\cos\beta$	$d_1 = 13.8$ $d_2 = 20.4$	$d_1 = 20.4$ $d_2 = 55.2$
基圆直径/mm	$d_{b1} = d_1\cos\alpha_t$ $d_{b2} = d_2\cos\alpha_t$ $\alpha_t = 20°$	$d_{b1} = 13.0$ $d_{b2} = 19.2$	$d_{b1} = 19.2$ $d_{b2} = 51.9$

项　目		计 算 公 式	a-c 啮合齿轮副	b-c 啮合齿轮副
齿顶圆直径 d_a/mm	外啮合	$d_{a1} = d_1 + 2m(h_a^* + x_a)$ $d_{a2} = d_2 + 2m(h_a^* + x_c)$ $h_a^* = 1$	$d_{a1} = 15.15$ $d_{a2} = 21.85$	
	内啮合	$d_{a2} = d_2 + 2m(h_a^* + x_c)$ $d_{a2} = d_2 - 2m(h_a^* - \Delta h_a^* - x_b)$ $h_a^* = 1$		$d_{a1} = 21.85$ $d_{a2} = 52.65$
齿根圆直径 d_f/mm	外啮合	$d_{f1} = d_1 - 2m(h_a^* + c^* - x_a)$ $d_{f2} = d_2 - 2m(h_a^* + c^* - x_c)$ $h_a^* = 1 \quad c^* = 0.35$	$d_{f1} = 12.8$ $d_{f2} = 19.5$	
	内啮合	$d_{f2} = d_2 - 2m(h_a^* + c^* - x_c)$ $d_{f2} = d_2 + 2m(h_a^* + c^* + x_b)$ $h_a^* = 1 \quad c^* = 0.35$		$d_{f1} = 19.5$ $d_{f2} = 58.1$
齿顶压力角 α_a		$\alpha_{a1} = \arccos \dfrac{d_{b1}}{d_{a1}}$ $\alpha_{a2} = \arccos \dfrac{d_{b2}}{d_{a2}}$	$\alpha_{a1} = 30.90°$ $\alpha_{a2} = 28.51°$	$\alpha_{a1} = 28.51°$ $\alpha_{a2} = 9.68°$
重合度	外啮合	$\varepsilon_\alpha = \dfrac{1}{2\pi}\big[z_1(\tan\alpha_{a1} - \tan\alpha) + z_2(\tan\alpha_{a2} - \tan\alpha)\big]$	$\varepsilon_\alpha = 2.15$	
	内啮合	$\varepsilon_\alpha = \dfrac{1}{2\pi}\big[z_1(\tan\alpha_{a1} - \tan\alpha) - z_2(\tan\alpha_{a2} - \tan\alpha)\big]$		$\varepsilon_\alpha = 4.47$

5. 传动效率的计算

对于 2Z-X(A)型微型行星齿轮传动，其传动效率 η_{ax}^b 值按下式计算，即每一级的效率值为

$$\eta_{ax}^b = 1 - \frac{p}{1+p}\chi_m^x$$

$$p = \frac{z_b}{z_a} = \frac{108}{27} = 4$$

取 $f_m = 0.1$，损失系数为

$$\chi_m^x = \chi_{ma}^x + \chi_{mb}^x$$

其中：

$$\chi_{ma}^x = 2.3f_m\left(\frac{1}{z_1} + \frac{1}{z_2}\right) = 2.3 \times 0.1 \times \left(\frac{1}{27} + \frac{1}{40}\right) = 0.01427$$

$$\chi_{mb}^x = 2.3f_m\left(\frac{1}{z_1} - \frac{1}{z_2}\right) = 2.3 \times 0.1 \times \left(\frac{1}{40} - \frac{1}{108}\right) = 0.00362$$

$$\chi_m^x = \chi_{ma}^x + \chi_{mb}^x = 0.01427 + 0.00362 = 0.01789$$

所以，η_{ax}^b 为

$$\eta_{ax}^b = 1 - \frac{4}{1+4} \times 0.01789 = 0.9857$$

6. 受力分析

中心轮 a 的输入转矩 T_1（每一套中的）为

$$T_1 = 9549 \times \frac{0.40}{3 \times 3000} (\text{N} \cdot \text{m}) = 0.424 (\text{N} \cdot \text{m})$$

且有

$$T_a = n_p T_1 = 3 \times 0.424 (\text{N} \cdot \text{m}) = 1.273 (\text{N} \cdot \text{m})$$

行星轮 c 作用于中心轮 a 的切向力为

$$F_{ca} = \frac{2000 T_1}{d_1} = \frac{2000 \times 0.424}{13.8} \text{N} = 61.45 \text{N}$$

行星轮 c 上的三个切向力 F_{ac}、F_{bc} 和 F_{xc} 分别为

$$F_{ac} = -F_{ca} = -61.45 \text{N}$$

$$F_{bc} = F_{ac} = -61.45 \text{N}$$

$$F_{xc} = -2F_{ac} = 122.90 \text{N}$$

内齿轮 b 承受的切向力为

$$F_{cb} = -F_{bc} = 61.45 \text{N}$$

内齿轮 b 所受的转矩为

$$T_b = \frac{d_b}{d_a} T_a = \frac{55.2}{13.8} \times 1.273 (\text{N} \cdot \text{m}) = 5.092 (\text{N} \cdot \text{m})$$

转臂 x 承受的切向力为

$$F_{cx} = -F_{xc} = -122.90 \text{N}$$

转臂 x 输出的转矩为

$$T_x = -i_{p1} T_a = -5 \times 1.273 (\text{N} \cdot \text{m}) = -6.365 (\text{N} \cdot \text{m})$$

7. 行星齿轮传动的强度验算

对于 2Z-X（A）型行星齿轮单级减速器传动，校核应先验算其齿面接触强度，然后再验算其齿根弯曲强度。

1）a-c 啮合齿轮副

（1）齿面接触疲劳强度。按下式计算齿面接触应力 σ_H，即

$$\sigma_H = \sigma_{H0} \sqrt{K_A K_v K_{H\beta} K_{H\alpha} K_{Hp}}$$

其中接触应力的基本值为

$$\sigma_{H0} = Z_H Z_E Z_\varepsilon Z_\beta \sqrt{\frac{F_1}{d_1 b_1} \times \frac{u+1}{u}} \tag{12-1}$$

式(12-1)中 $F_1 = F_{ca} = 61.45N$。

由表 12-2 得 $K_A = 1.00$；按图 12-2 查取 $K_v = 1.10$。

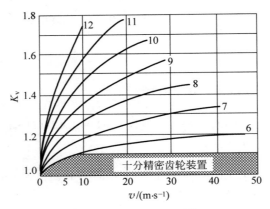

图 12-2　直齿轮的动载系数 K_v

注：6～12 为齿轮传动精度等级

先计算转臂 x 的节点线速度，公式为

$$v^x = \frac{\pi d_1 n_a^x}{60 \times 10^3}$$

其中：

$$n_a^x = \frac{p}{1+p} n_a = \frac{4}{1+4} \times 3000(\text{r} \cdot \text{min}^{-1}) = 2400(\text{r} \cdot \text{min}^{-1})$$

所以 v^x 为

$$v^x = \frac{\pi \times 13.8 \times 2400}{60 \times 10^3}(\text{m} \cdot \text{s}^{-1}) = 1.734(\text{m} \cdot \text{s}^{-1})$$

接触强度 $K_{H\beta} = 1 + (\theta_b - 1)\mu_H$，先由图 12-4 查得 $\theta_b = 1.3$，再由图 12-3(a) 查得 $\mu_H = 0.8$，故 $K_{H\beta} = 1 + (1.3-1) \times 0.8 = 1.24$，查表 12-7 得 $K_{H\alpha} = 1.2$，查表 12-4 得 $K_{Hp} = 1.1$。

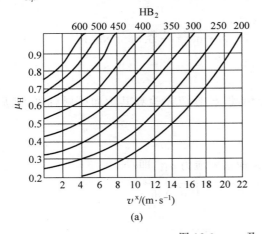

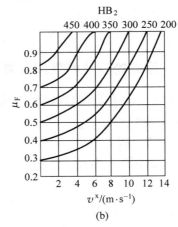

(a)　　　　　　　　　　　　(b)

图 12-3　μ_H 及 μ_F 线图

(a) μ_H 线图；(b) μ_F 线图

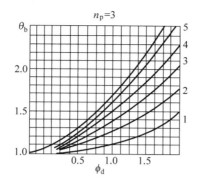

图 12-4　θ_b 的线图

表 12-7　齿间载荷分配系数 $K_{H\alpha}$、$K_{F\alpha}$

$K_A F_t/b$		$\geqslant 100\text{N/mm}$					$<100\text{N/mm}$
精度等级		5	6	7	8	9	10	5 级及更低
硬齿面直齿轮	$K_{H\alpha}$	1.0		1.1	1.2			$1/Z_\varepsilon^2 \geqslant 1.2$
	$K_{F\alpha}$							
软齿面直齿轮	$K_{H\alpha}$	1.0			1.1	1.2		$1/Z_\varepsilon^2 \geqslant 1.2$
	$K_{F\alpha}$							$1/Y_\varepsilon \geqslant 1.2$

注：① 小齿轮和大齿轮精度等级不相同时，则按照精度等级取值；

② 硬齿面与软齿面相啮合的齿轮副，$K_{H\alpha}$、$K_{F\alpha}$ 取平均值；

③ Z_ε 为重合度系数，Y_ε 为弯曲强度计算的重合度系数。

由图 12-5 得 $Z_H = 2.3$；钢对钢齿轮 $Z_E = 189.8$，

$$Z_\varepsilon = \sqrt{\frac{4-\varepsilon_\alpha}{3}(1-\varepsilon_\beta)+\frac{\varepsilon_\beta}{\varepsilon_\alpha}} = 0.76$$

其中，$\varepsilon_\beta = \phi_d z_a \tan\beta/\pi = 0.21$；$Z_\beta = \sqrt{\cos\beta} = 0.99$；$b_1 = 13.8\text{mm}$；$u = \dfrac{40}{27} = 1.48$。

将上述系数代入式(12-1)得

$$\sigma_{H0} = 2.3 \times 189.8 \times 0.76 \times 0.99 \times \sqrt{\frac{61.45}{13.8 \times 13.8} \times \frac{1.48+1}{1.48}} = 241.36(\text{N} \cdot \text{mm}^{-2})$$

则接触应力为

$$\sigma_H = 241.36 \times \sqrt{1 \times 1.1 \times 1.24 \times 1.2 \times 1.1} = 323.82(\text{N} \cdot \text{mm}^{-2})$$

按下式计算许用接触应力，即

$$\sigma_{Hp} = \frac{\sigma_{Hlim}}{S_{Hmin}}$$

式中，接触疲劳极限 $\sigma_{Hlim} = 600(\text{N} \cdot \text{mm}^{-2})$。由减速器每天工作 8h，要求使用寿命 5 年，得其工作总时长为

$$t = 8 \times 365 \times 5\text{h} = 14600\text{h}$$

中心轮应力循环次数为

$$N_{L1} = 60(n_a - n_x)n_p t = 60 \times 2400 \times 3 \times 14600 = 6.31 \times 10^9$$

行星轮应力循环次数为

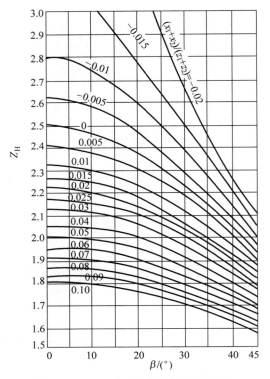

图 12-5　$\alpha_n = 20°$时的节点区域系数 Z_H

$$N_{L2} = N_{L1} z_a (z_c n_p) = 1.42 \times 10^9$$

内齿轮应力循环次数为

$$N_{L3} = N_{L2} n_p z_c z_b = 1.58 \times 10^9$$

因为 $N_L > 4 \times 10^7$，由图 12-6 可得 $Z_N = 1$；根据高可靠性，取 $S_{Hmin} = 1.6$。

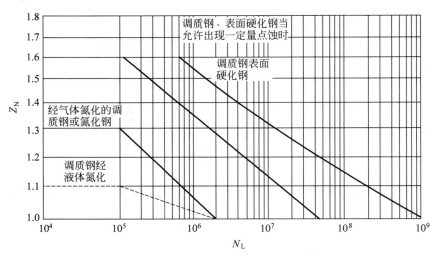

图 12-6　接触强度的寿命系数 Z_N

则 σ_{Hp} 为

$$\sigma_{Hp} = \frac{600}{1.6}(N \cdot mm^{-2}) = 375.00(N \cdot mm^{-2})$$

则有

$$\sigma_H = 292.65(N \cdot mm^{-2}) < \sigma_{Hp} = 375.00(N \cdot mm^{-2})$$

该行星齿轮传动满足接触强度要求。

（2）齿根弯曲疲劳强度。

齿根弯曲应力为

$$\sigma_F = \sigma_{F0} K_A K_v K_{F\beta} K_{F\alpha} K_{Fp}$$

式中，齿根应力的基本值为

$$\sigma_{F0} = \frac{F_t}{bm} Y_{Fa} Y_{Sa} Y_\varepsilon Y_\beta$$

接着分别对中心轮 a 和行星轮 c 进行弯曲强度校核。

（3）中心轮 a。

根据 $Z_a = 27$，得 $Y_{Fa} = 2.6$、$Y_{Sa} = 1.6$。根据 $\varepsilon_\alpha = 2.15$ 得 $Y_\varepsilon = 0.25 + \frac{0.75}{2.15} = 0.6$。因 $\beta = 12°$，故可得 $Y_\beta = 1 - \varepsilon_\alpha \frac{\beta}{120°} = 0.785$。

则有：

$$\sigma_{F0} = \frac{61.45}{12 \times 0.5} \times 2.6 \times 1.6 \times 0.6 \times 0.785(N \cdot mm^{-2}) = 20.07(N \cdot mm^{-2})$$

再计算弯曲应力 σ_F，已知 $K_A = 1.00$、$K_v = 1.1$、$K_{F\beta} = 1 + (\theta_b - 1)\mu_F$，$\theta_b = 1.2$，由图 12-3(b) 查得 $\mu_F = 0.8$，则 $K_{F\beta} = 1 + (1.2 - 1) \times 0.8 = 1.16$、$K_{F\alpha} = K_{H\alpha} = 1.2$、$K_{Fp} = 1 + 1.5 \times (K_{Hp} - 1)\mu_{HF} = 1 + 1.5 \times 0.1 = 1.15$。

所以可得

$$\sigma_F = 20.07 \times 1 \times 1.1 \times 1.16 \times 1.2 \times 1.15(N \cdot mm^{-2}) = 35.34(N \cdot mm^{-2})$$

按下式计算许用弯曲应力，即

$$\sigma_{Fp} = \frac{\sigma_{Flim}}{S_{Fmin}}$$

中心轮 a 的材料为 40Cr，$\sigma_{Flim} = 240(N \cdot mm^{-2})$，最小安全系数 S_{Fmin} 取 $S_{Fmin} = 2$。代入上式，则得其许用弯曲应力为

$$\sigma_{Fp} = \frac{240}{2}(N \cdot mm^{-2}) = 120(N \cdot mm^{-2})$$

因此 σ_F 为

$$\sigma_F = 35.34(N \cdot mm^{-2}) < \sigma_{Fp} = 120(N \cdot mm^{-2})$$

故该中心轮 a 满足弯曲强度条件。

（4）行星轮 c。

与中心轮 a 相似，查得 $Y_{Fa} = 2.6$、$Y_{Sa} = 1.63$、$Y_\varepsilon = 0.734$、$Y_\beta = 0.845$、$b = 12mm$，所以可得

$$\sigma_{F0} = \frac{61.45}{12 \times 0.5} \times 2.6 \times 1.63 \times 0.734 \times 0.845 (\text{N} \cdot \text{mm}^{-2}) = 26.92 (\text{N} \cdot \text{mm}^{-2})$$

同理,查得 $K_A = 1.00, K_v = 1.02$,由图 12-3(b)查得 $\mu_F = 0.51, K_{F\beta} = 1 + (1.2 - 1) \times 0.51 = 1.1, K_{F\alpha} = K_{H\alpha} = 1.2, K_{Fp} = 1 + 1.5 \times (K_{Hp} - 1)\mu_{HF} = 1 + 1.5 \times 0.1 = 1.15$,所以可得

$$\sigma_F = 26.92 \times 1.00 \times 1.02 \times 1.1 \times 1.2 \times 1.15 (\text{N} \cdot \text{mm}^{-2}) = 41.68 (\text{N} \cdot \text{mm}^{-2})$$

行星轮 c 的材料为 40Cr,$\sigma_{Flim} = 240 (\text{N} \cdot \text{mm}^{-2})$。$S_{Fmin} = 1.6$。代入上式,则得其许用弯曲应力为

$$\sigma_{Fp} = \frac{240}{1.6} (\text{N} \cdot \text{mm}^{-2}) = 150 (\text{N} \cdot \text{mm}^{-2})$$

则 σ_F 为

$$\sigma_F = 41.68 (\text{N} \cdot \text{mm}^{-2}) < \sigma_{Fp} = 150 (\text{N} \cdot \text{mm}^{-2})$$

故该行星轮满足弯曲强度条件。

2）b-c 啮合齿轮副

（1）齿面接触疲劳强度。

先按下式计算齿面接触应力 σ_H,即

$$\sigma_H = \sigma_{H0} \sqrt{K_A K_v K_{H\beta} K_{H\alpha} K_{Hp}}$$

其中接触应力的基本值为

$$\sigma_{H0} = Z_H Z_E Z_\varepsilon Z_\beta \sqrt{\frac{F_1}{d_1 b_1} \times \frac{u+1}{u}}$$

其中,$F_1 = F_{ca} = 61.45\text{N}$;$Z_H = 2.45$;$Z_E = 189.8$;$Z_\varepsilon = \sqrt{\frac{4 - \varepsilon_\alpha}{3}(1 - \varepsilon_\beta) + \frac{\varepsilon_\beta}{\varepsilon_\alpha}} = 0.42$;$\varepsilon_\beta = \phi_d z_c \tan\beta / \pi = 0.88$;$Z_\beta = \sqrt{\cos\beta} = 0.99$;$b_1 = 16\text{mm}$;$u = \frac{108}{40} = 2.7$。则有：

$$\sigma_{H0} = 2.45 \times 189.8 \times 0.42 \times 0.99 \times \sqrt{\frac{61.45}{55.2 \times 16} \times \frac{2.7 - 1}{2.7}} (\text{N} \cdot \text{mm}^{-2})$$
$$= 40.47 (\text{N} \cdot \text{mm}^{-2})$$

同理,查得 $K_A = 1.00$;$K_v = 1.02$;$K_{H\beta} = 1.16$;$K_{H\alpha} = 1.2$;$K_{Hp} = 1.1$,故接触应力为

$$\sigma_H = 40.47 \times \sqrt{1.00 \times 1.02 \times 1.16 \times 1.2 \times 1.1} (\text{N} \cdot \text{mm}^{-2}) = 50.57 (\text{N} \cdot \text{mm}^{-2})$$

按下式计算许用接触应力,即

$$\sigma_{Hp} = \frac{\sigma_{Hlim}}{S_{Hmin}}$$

式中,接触疲劳极限 $\sigma_{Hlim} = 600 (\text{N} \cdot \text{mm}^{-2})$,$S_{Hmin} = 1.6$。则：

$$\sigma_{Hp} = \frac{600}{1.6} (\text{N} \cdot \text{mm}^{-2}) = 375.00 (\text{N} \cdot \text{mm}^{-2})$$

有 $\sigma_H = 81.88 (\text{N} \cdot \text{mm}^{-2}) < \sigma_{Hp}$,该行星齿轮传动满足其接触强度要求。

（2）齿根弯曲疲劳强度。

齿根弯曲应力为

$$\sigma_F = \sigma_{F0} K_A K_v K_{F\beta} K_{F\alpha} K_{Fp}$$

式中,齿根应力的基本值 $\sigma_{F0} = \dfrac{F_t}{bm} Y_{Fa} Y_{Sa} Y_\varepsilon Y_\beta$。

所以只需验算内齿轮 b 的弯曲疲劳强度。

同理,查得 $Y_{Fa} = 2.25$;$Y_{Sa} = 1.75$;$Y_\varepsilon = 0.25 + \dfrac{0.75}{1.901} = 0.645$;因为 $\beta = 12°$,所以可得

$Y_\beta = 1 - \varepsilon_\alpha \dfrac{\beta}{120°} = 0.810$,则有:

$$\sigma_{F0} = \frac{61.45}{12 \times 0.5} \times 2.25 \times 1.75 \times 0.645 \times 0.810 (\text{N} \cdot \text{mm}^{-2}) = 21.07 (\text{N} \cdot \text{mm}^{-2})$$

同理,查得 $K_A = 1.00$;$K_v = 1.05$;$K_{F\beta} = 1.1$;$K_{F\alpha} = 1.2$;$K_{Fp} = 1.15$;得

$$\sigma_F = 21.07 \times 1.00 \times 1.05 \times 1.1 \times 1.2 \times 1.15 (\text{N} \cdot \text{mm}^{-2}) = 33.58 (\text{N} \cdot \text{mm}^{-2})$$

按下式计算许用弯曲应力,即

$$\sigma_{Fp} = \frac{\sigma_{Flim}}{S_{Fmin}}$$

同理,查得 $\sigma_{Flim} = 240 (\text{N} \cdot \text{mm}^{-2})$,$S_{Fmin} = 2$。代入上式,则得其许用弯曲应力为

$$\sigma_{Fp} = \frac{240}{2} (\text{N} \cdot \text{mm}^{-2}) = 120 (\text{N} \cdot \text{mm}^{-2})$$

因为 $\sigma_F = 33.58 (\text{N} \cdot \text{mm}^{-2}) < \sigma_{Fp}$,所以该内齿轮 b 满足弯曲强度条件。

12.1.3　轴的设计计算

1. 输入轴直径

在行星齿轮传动中,其中心轮的结构取决于行星传动类型、传动比的大小、传递转矩的大小和支承方式以及所采用的均载机构。对于不浮动的中心轮 a,当传递的转矩较小时,可以将齿轮和其支承轴做成一个整体,即采用齿轮轴的结构。根据 ZX-A 型的行星齿轮传动的工作特点,传递功率的大小和转速的高低情况,首先确定中心齿轮 a 的结构,因为它的直径较小,$d_a = 13.8$mm;所以 a 采用齿轮轴的结构形式,即将中心齿轮 a 与输入轴连成一体,如图 12-7 所示。

按扭转强度条件求轴的最小直径,公式如下:

$$d \geqslant A_0 \sqrt[3]{\frac{P}{n}}$$

其中,$P = 0.40$kW;$n = 3000$r/min,查得 40Cr 的 $A_0 = 112$,则:

$$d \geqslant 112 \times \sqrt[3]{\frac{0.40}{3000}} \text{mm} = 5.72 \text{mm}$$

输入轴的最小直径截面处开有键槽,轴颈增大 5%~7%,故 $d_{min} = [6.00, 6.43]$mm。

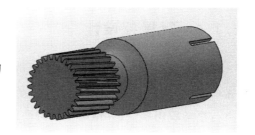

图 12-7　输入轴的结构

2. 输入轴轴承

根据估算所得直径、轮毂宽及安装情况等条件,在该轴中间一段安装两个深沟球轴承 6003 型,其尺寸为 $d \times D \times B = 17\text{mm} \times 35\text{mm} \times 8\text{mm}$ 。查得其轴承参数 $C_r = 6\text{kN}, C_0 = 3.3\text{kN}$;取载荷系数 $f_d = 1.2$。轴承所受径向力为

$$\bm{F}_r = \bm{F}_t \tan\alpha = 61.45 \times \tan 20°\text{N} = 22.37\text{N}$$

当量动载荷 $P = 1.2 \times 22.37\text{N} = 26.84\text{N}$;

轴承的寿命计算为

$$L_h = \frac{10^6}{60n}\left(\frac{C}{P}\right)^{\varepsilon} = \frac{10^6}{60 \times 3000}\left(\frac{6}{0.027}\right)^3 \text{h} = 6.1 \times 10^7\text{h} \gg 29200\text{h}$$

故该对轴承满足寿命要求。

3. 校核轴的刚度

轴的扭转变形用每米长的扭转角 φ 来表示。计算公式为

$$\varphi = 5.73 \times 10^4 \frac{T}{GI_p}$$

式中,T——转矩,N·mm;

　　G——轴的材料剪切弹性模量,MPa,对于钢材,$G = 8.1 \times 10^4\text{MPa}$;

　　I_p——轴截面的极惯性矩,mm^4,对于圆轴,$I_p = \dfrac{\pi d^4}{32}$。

轴的扭转刚度条件为

$$\varphi \leqslant [\varphi]$$

对于精密传动轴,可取 $[\varphi] = 0.25 \sim 0.5 (°)/\text{m}$。

其中,$T = 424\text{N·mm}$,则有:

$$\varphi = 5.73 \times 10^4 \times \frac{424 \times 32}{8.1 \times 10^4 \times \pi \times 17^4}(°)/\text{m} = 0.04(°)/\text{m} < 0.25(°)/\text{m}$$

满足条件。

12.1.4　行星架设计

行星架把作用在每个行星轮上轮齿的作用力以转矩形式传递到轴(行星架旋转时)或者箱体(行星架固定时)上。考虑斜齿轮的轴向力作用,选择行星架类型为双侧板笼式行星架。这类行星架应用广泛,它由两个平行的侧板和连接两侧板的均布连接柱组成。主侧板直接与轴或箱体相连,另一侧是次侧板。

由于设计的行星减速器总体尺寸较小,输入功率不高,所以将行星架与输出轴制作为一体,如图 12-8 所示。

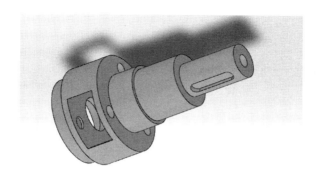

图 12-8 行星架与输出轴一体式结构

12.1.5 输出轴设计

1. 初算轴的最小直径

按公式可得轴的直径 d 为

$$d \geqslant A_0 \sqrt[3]{\frac{P}{n}}$$

其中 $P = 0.40\text{kW} \times \eta_\text{p} = 0.40\text{kW} \times 0.9857 = 0.39\text{kW}$，$n = 600\text{r/min}$，材料选用 40Cr，查得其 $A_0 = 112$，则

$$d \geqslant 112 \times \sqrt[3]{\frac{0.39}{600}} \text{mm} = 9.7\text{mm}$$

输入轴的最小直径截面处开有键槽，轴径增大 $5\% \sim 7\%$，故 $d_\text{min} = [10.2, 10.4]\text{mm}$。为了便于轴上的零件的装拆，将轴做成阶梯形。

2. 选择输出轴轴承

按结构要求选用深沟球轴承 02 系列 6205，其尺寸为 $d \times D \times B = 25\text{mm} \times 58\text{mm} \times 16\text{mm}$。

3. 校核轴的刚度

轴的扭转变形用每米长的扭转角 φ 来表示。计算公式为

$$\varphi = 5.73 \times 10^4 \frac{T}{GI_\text{p}}$$

式中，T——转矩，$\text{N} \cdot \text{mm}^{-2}$；

  G——$8.1 \times 10^4 \text{MPa}$；

  I_p——轴截面的极惯性矩，mm^4。对于圆轴，$I_\text{p} = \dfrac{\pi d^4}{32}$。

轴的扭转刚度条件为

$$\varphi \leqslant [\varphi]$$

对于精密传动轴，可取 $\varphi = 0.25 \sim 0.5(°)/\text{m}$。

其中，$T=6.365\mathrm{N}\cdot\mathrm{m}$，同理 $G=8.1\times10^4\mathrm{MPa}$；$I_\mathrm{p}=\dfrac{\pi d^4}{32}$；$d=28\mathrm{mm}$。

因此可得

$$\varphi=5.73\times10^4\times\frac{6.365\times32\times10^3}{8.1\times10^4\times\pi\times28^4}(°)/\mathrm{m}=0.075(°)/\mathrm{m}<0.25(°)/\mathrm{m}$$

满足条件。

4. 输出轴上键的选择及强度计算

$$\sigma_\mathrm{bs}=\frac{2000T}{kld}\leqslant[\sigma_\mathrm{p}]$$

选用 A 型键，其型号为 $b\times h\times L=5\mathrm{mm}\times5\mathrm{mm}\times22\mathrm{mm}$，将数值 $k=0.5\times5\mathrm{mm}=2.5\mathrm{mm}$，$l=(22-5)\mathrm{mm}=17\mathrm{mm}$，键连接处的轴颈 $d=16\mathrm{mm}$ 按照键的剪切强度校核有

$$\sigma_\mathrm{bs}=\frac{2000T}{kld}=\frac{2000\times6.365}{2.5\times17\times16}\mathrm{MPa}=18.7\mathrm{MPa}\leqslant[\sigma_\mathrm{bs}]$$

12.1.6 行星轴设计

1. 初算轴的最小直径

在相对运动中，每个行星轮轴承受切向载荷 $F_\mathrm{t}=61.45\mathrm{N}$，则其径向力 $F_\mathrm{r}=61.45\times\tan20°\mathrm{N}=22.37\mathrm{N}$，行星轴可看为悬臂梁，受力如图 12-9 所示。

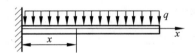

图 12-9 行星轴一体式结构

平均受力为

$$q=\frac{F_\mathrm{t}}{l}$$

取 $l=b=13\mathrm{mm}$，完成轴承选取后最终确定。危险截面（在根部的）的弯矩为

$$M=\frac{1}{2}ql^2=399.43(\mathrm{N}\cdot\mathrm{mm})$$

行星轮轴采用 40Cr，调质后屈服极限 $\sigma_\mathrm{s}=540\mathrm{MPa}$，考虑到可能的冲击振动，取安全系数 $s=2$，则许用弯曲应力为

$$[\sigma_\mathrm{b}]=\sigma_\mathrm{s}/2=540/2\mathrm{MPa}=270\mathrm{MPa}$$

故行星轮轴直径为

$$d\geqslant\sqrt[3]{\frac{32M}{\pi[\sigma_\mathrm{b}]}}=\sqrt[3]{\frac{32\times399.43}{\pi\times270}}\mathrm{mm}=2.47\mathrm{mm}$$

其实际尺寸将在选择轴承时最后确定。

2. 选择行星轮轴承

在行星轮内安装滚针轴承，轴承应具备的基本额定动载荷 C 可由公式 $C=P\sqrt[\varepsilon]{\dfrac{60nL_\mathrm{h}}{10^6}}$ 求出。

其中,径向载荷 $P = F_r = 22.37\text{N}$;工作寿命 $L'_h = 29200\text{h}$;工作转速 $n = n_a \times \dfrac{z_a}{z_c} = 2025\text{r/min}$,$\varepsilon = 10/3$;求得 C 为

$$C = P \sqrt[\varepsilon]{\frac{60nL'_h}{10^6}} = 22.37 \sqrt[10/3]{\frac{60 \times 2025 \times 29200}{10^6}} \text{kN} = 0.26\text{kN}$$

综合轴的最小直径,选用 NA49-66×15×10 号滚针轴承,其内径为 6mm,外径为 15mm。

3. 校核轴的刚度

悬臂梁轴的挠度和转角公式为

$$y = \frac{ql^4}{8EI}$$

$$\theta = \frac{ql^3}{6EI}$$

其中,E 为弹性模量,取 200GPa;I 为截面惯性矩,$I = \dfrac{\pi d^4}{64}$;$q = \dfrac{F_t}{l} = \dfrac{61.45}{13} (\text{N} \cdot \text{mm}^{-1}) = 4.73(\text{N} \cdot \text{mm}^{-1})$;

轴的弯曲强度条件为

$$y \leqslant [y]$$
$$\theta \leqslant [\theta]$$

查机械设计轴的许用挠度和许用偏转角有

$$[y] = (0.01 \sim 0.03) \times m_n = (0.005 \sim 0.015)\text{mm}$$
$$[\theta] = 0.0025\text{rad}$$

则挠度、转角分别为

$$y = -\frac{ql^4}{8EI} = \frac{4.73 \times 13^4 \times 64}{8 \times 200 \times 10^3 \times \pi \times 6^4} \text{mm} = 0.0013\text{mm} < [y]$$

$$\theta = -\frac{ql^3}{6EI} = \frac{4.73 \times 13^3 \times 64}{6 \times 200 \times 10^3 \times \pi \times 6^4} \text{rad} = 0.00014\text{rad} < [\theta]$$

刚度条件满足。

12.1.7　转臂、箱体及附件的设计

1. 转臂的设计

1) 转臂结构方案

转臂 x 是行星齿轮传动中的一个较重要的构件。一个结构合理的转臂 x 应当外廓尺寸小、质量小,具有足够的强度和刚度,动平衡性好,能保证行星齿轮间的载荷分布均匀,而且应具有良好的加工和装配工艺。

目前,较常用的转臂结构有双侧板整体式、双侧板分开式和单侧板式 3 种类型。

本设计采取双侧板整体式结构,如图 12-8 所示。

2) 转臂制造精度

由于在转臂 x 上支承和安装 3 个行星轮的心轴,因此,转臂 x 的制造精度对行星齿轮传动的工作性能、运动的平稳性和行星轮间载荷分布的均匀性等都有较大的影响。在制定其技术条件时,应合理地提出精度要求,且严格地控制其形位偏差和孔距公差。

(1) 中心距极限偏差 f_a。在行星齿轮传动中,转臂 x 上各行星轮轴孔与转臂轴线的中心距偏差的大小和方向,可能增加行星轮的孔距相对误差 δ_1 和转臂 x 的偏心量,且引起行星轮产生径向位移,从而影响到行星轮的均载效果。所以,在行星齿轮传动设计时,应严格地控制中心距极限偏差 f_a 值。要求各中心距的偏差大小相等、方向相同,一般应控制中心距极限偏差 $f_a = 0.01 \sim 0.02$mm。该中心距极限偏差 $\pm f_a$ 之值应根据中心距 a 值,按齿轮精度等级选取。中心距极限偏差按下式计算:

$$f_a \leqslant \frac{8\sqrt[3]{a}}{1000} = 0.026 \text{mm}$$

其中,a 为齿轮副实际啮合中心距。

(2) 各行星轮轴孔的孔距相对偏差 δ_1。由于各行星轮轴孔的孔距相对偏差 δ_1 对行星轮间载荷分布的均匀性影响很大,所以必须严格控制 δ_1 值的大小。而 δ_1 值主要取决于各轴孔的分度误差,即取决于机床和工艺装备的精度。一般情况,δ_1 值可按下式计算,即

$$\delta_1 = \pm(3 \sim 4.5)\frac{\sqrt{a}}{1000} = \pm 0.012 \text{mm}$$

其中,括号中的数值,高速行星齿轮传动取小值,一般低速行星齿轮传动取较大者。

(3) 转臂 x 的偏心误差 e_x。转臂 x 的偏心误差为 e_x,推荐 e_x 值不大于相邻行星轮轴孔的孔距相对偏差 δ_1 的 $1/2$,即

$$e_x \leqslant \frac{1}{2}\delta_1 = 0.006 \text{mm}$$

(4) 各行星轮轴孔平行度公差。各行星轮轴孔对转臂 x 轴线的平行度公差 f'_x 和 f'_y 可按相应的齿轮接触精度要求确定,即 f'_x 和 f'_y 是控制齿轮副接触精度的公差,其值可按下式计算,即

$$f'_x = f_x \frac{B}{b}\mu\text{m}$$

$$f'_y = f_y \frac{B}{b}\mu\text{m}$$

式中,f_x 和 f_y——在全齿宽上 x 方向和 y 方向的轴线平行度公差,μm; 按 GB/T 10095.1—2022 选取;

B——转臂 x 上两臂轴孔对称线(支点)间的距离;

b——齿轮宽度。

2. 箱体的设计

箱体是上述各基本构件的安装基础,也是行星齿轮传动中的重要组成部分。在进行箱体的结构设计时,要根据制造工艺、安装工艺和使用维护及经济性等条件来决定其具体的结构型式,同时应尽量减少壁厚。本次设计将内齿轮和箱体做成一体,设计如图 12-10 所示。

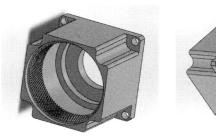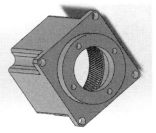

图 12-10　微型行星齿轮减速器箱体

3. 密封和润滑

行星齿轮减速器采取脂润滑的方式,通过内齿轮和行星齿轮的传动把润滑脂带到行星轮和中心轮的各个部分。

12.2　二级行星齿轮减速器的设计

12.2.1　项目设计要求

根据所给原始数据,完成精密行星齿轮减速器的结构设计。要求减速器每天工作 16h,要求使用寿命 5 年。

设计原始数据见表 12-8。

表 12-8　设计原始数据

序号	减速比 i_p	输入功率/kW	输入转速/(r·min^{-1})	传动比偏差
1	90	3.0	3000	<0.05

12.2.2　齿轮传动设计计算

1. 行星齿轮传动类型分析

根据上述的已知条件、要求和传动简图,该微型行星齿轮传动为 2Z-X(A)型二级串联的形式,如图 12-11 所示。它的结构特点是前一级 2Z-X(A)型的输出件(转臂 x)与后一级

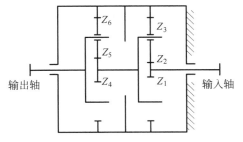

图 12-11　二级行星齿轮减速器结构简图

的输入件(中心轮 a)连接为一体,每一级的内齿轮 b 均与机体连接成为一个共同体。因此, 其结构简单、紧凑,制造方便、容易。

2. 配齿计算

1) 传动比分配

2Z-X(A)型的配齿公式为

$$z_b = (i_p - 1)z_a$$

现已知传动比 $i_p = 90$,为保证设计结果紧凑合理,根据等强度设计经验,高速级部分传动比应比低速级部分传动比大,经过多次调试、验证,取 $i_{p1} = 12.6$,$i_{p2} = 7.263$。

实际总的传动比为

$$i_{p1} \cdot i_{p2} = 91.514$$

其传动比误差为

$$\Delta_i = \frac{|i_p - i|}{i_{p1}} = \frac{|90 - 91.514|}{90} = 1.7\% < 5\%$$

符合要求。

2) 高速级齿轮齿数

考虑到该行星齿轮传动的外廓尺寸,选取第一级中心齿轮 z_{a1} 数为 20 和行星齿轮数为 $n_p = 3$。根据 2Z-X(A)型的配齿公式,即 $z_b = (i_p - 1)z_a$ 可得

$$z_{b1} = (12.6 - 1) \times 20 = 232$$

根据同心条件可求得行星齿轮 c_1 的齿数为

$$z_{c1} = \frac{z_{b1} - z_{a1}}{2} = 106$$

再验证其安装条件:

$$\frac{z_{a1} + z_{b1}}{3} = 84(整数)$$

满足安装条件。

验证邻接条件:$(z_a + z_c)\sin\dfrac{180°}{k} > z_c + 2h_a^*$,即

$$(20 + 106)\sin\frac{180°}{3} = 109.12 > 106 + 2 = 108$$

满足邻接条件。

3) 低速级齿轮齿数

第二级选择中心齿轮 z_{a2} 数为 19 和行星齿轮数为 $n_p = 3$。根据 2Z-X(A)型的配齿公式,即 $z_b = (i_p - 1)z_a$ 可得

$$z_{b2} = (7.263 - 1) \times 19 = 119$$

根据同心条件可求得行星齿轮 c_2 的齿数为

$$z_{c2} = \frac{z_{b2} - z_{a2}}{2} = 50$$

再验证其安装条件:

$$\frac{z_{a1} + z_{b1}}{3} = 46（整数）$$

满足安装条件。

验证邻接条件：$(z_a + z_c)\sin\dfrac{180°}{k} > z_c + 2h_a^*$，即

$$(19 + 119)\sin\frac{180°}{3} = 59.756 > 50 + 2 = 52$$

满足邻接条件。

4）初步计算齿轮的主要参数

如前所述，对于 2Z-X（A）型行星齿轮传动，应按其齿面接触强度的初算公式来计算中心轮 a 的分度圆直径 d_1，即

$$d_1 = K_d \sqrt[3]{\left(\frac{T_1 K_A K_{H\Sigma} K_{Hp}}{\phi_d \sigma_{Hlim}^2} \times \frac{u+1}{u}\right)}\ \text{mm}$$

其中，算式系数 $K_d = 768$。

（1）高速级齿轮。a-c 啮合齿轮副的小齿轮（中心轮 a）的额定转矩为

$$T_1 = 9549\frac{P_1}{n_p n_1}（\text{N} \cdot \text{m}）$$

已知：$P_1 = 3\text{kW}$，$n_1 = 3000\text{r/min}$，$n_p = 3$，代入上式，可得

$$T_1 = 9549 \times \frac{3}{3 \times 3000}（\text{N} \cdot \text{m}）= 3.183（\text{N} \cdot \text{m}）$$

由表 12-3 查得使用系数 $K_A = 1.25$；由表 12-4 查得综合系数 $K_{H\Sigma} = 2$；行星轮间载荷分配不均匀系数可按表 12-6 查得，$K_{Hp} = 1.2$；小齿轮的齿宽系数可按表 12-7 查得，$\phi_d = 0.75$；齿数比 $u = \dfrac{z_c}{z_a} = \dfrac{106}{20} = 5.30$。参照该微型行星齿轮传动的受载及其使用情况，选中心轮 a 的材料为 20CrMnTi，其接触疲劳极限为 $\sigma_{Hlim} = 1500（\text{N} \cdot \text{mm}^{-2}）$。可得

$$d_1 = 768\sqrt[3]{\left(\frac{3.183 \times 1.25 \times 2 \times 1.2}{0.75 \times 1500^2} \times \frac{5.3 + 1}{5.3}\right)}\ \text{mm} = 14.50\text{mm}$$

已知：$z_a = 20$，则可得齿轮模数 $m = \dfrac{d_1}{z_a} = \dfrac{14.5}{20}\text{mm} = 0.725\text{mm}$，取模数 $m = 1\text{mm}$。

（2）低速级齿轮。

$$T_2 = T_1 \times i_{p1} = 3.183 \times 12.6（\text{N} \cdot \text{m}）= 40.106（\text{N} \cdot \text{m}）$$

同理，$K_A = 1.25$；$K_{H\Sigma} = 2$；$K_{Hp} = 1.2$；$\phi_d = 0.75$；$u = \dfrac{z_c}{z_a} = \dfrac{50}{19} = 2.63$；$\sigma_{Hlim} = 1500\text{N} \cdot \text{mm}^{-2}$，求得：

$$d_1 = 768\sqrt[3]{\left(\frac{40.106 \times 1.25 \times 2 \times 1.2}{0.75 \times 1500^2} \times \frac{2.63 + 1}{2.63}\right)}\ \text{mm} = 35.46\text{mm}$$

已知：$z_a = 19$，则可得齿轮模数 $m = \dfrac{d_1}{z_a} = \dfrac{35.46}{19}\text{mm} = 1.866\text{mm}$，取模数 $m = 2\text{mm}$。

3. 齿轮几何尺寸计算

对于每一级齿轮来说,应将其分成 a-c 和 b-c 两个齿轮副,其中 a-c 齿轮副是外啮合传动,b-c 齿轮副是内啮合传动,将各齿轮副的计算结果列表如表 12-9 和表 12-10 所示。

表 12-9 高速级齿轮几何尺寸

项 目		计 算 公 式	a-c 啮合齿轮副	b-c 啮合齿轮副
分度圆直径/mm		$d_1 = mz_1$ $d_2 = mz_2$	$d_1 = 20$ $d_2 = 106$	$d_1 = 106$ $d_2 = 232$
基圆直径/mm		$d_{b1} = d_1 \cos\alpha$ $d_{b2} = d_2 \cos\alpha$ $\alpha = 20°$	$d_{b1} = 18.794$ $d_{b2} = 99.607$	$d_{b1} = 99.607$ $d_{b2} = 218.009$
齿顶圆直径 d_a/mm	外啮合	$d_{a1} = d_1 + 2mh_a^*$ $d_{a2} = d_2 + 2mh_a^*$ $h_a^* = 1$	$d_{a1} = 22$ $d_{a2} = 108$	
	内啮合	$d_{a1} = d_1 + 2mh_a^*$ $d_{a2} = d_2 - 2mh_a^*$ $h_a^* = 1$		$d_{a1} = 108$ $d_{a2} = 230$
齿根圆直径 d_f/mm	外啮合	$d_{f1} = d_1 - 2m(h_a^* + c^*)$ $d_{f2} = d_2 - 2m(h_a^* + c^*)$ $h_a^* = 1, c^* = 0.25$	$d_{f1} = 17.5$ $d_{f2} = 103.5$	
	内啮合	$d_{f1} = d_1 - 2m(h_a^* + c^*)$ $d_{f2} = d_2 + 2m(h_a^* + c^*)$ $h_a^* = 1, c^* = 0.25$		$d_{f1} = 103.5$ $d_{f2} = 234.5$
齿顶压力角 α_a		$\alpha_{a1} = \arccos\dfrac{d_{b1}}{d_{a1}}$ $\alpha_{a2} = \arccos\dfrac{d_{b2}}{d_{a2}}$	$\alpha_{a1} = 31.321°$ $\alpha_{a2} = 22.737°$	$\alpha_{a1} = 22.737°$ $\alpha_{a2} = 18.583°$
重合度	内啮合	$\varepsilon_b = \dfrac{1}{2\pi}[z_1(\tan\alpha_{a1} - \tan\alpha) + z_2(\tan\alpha_{a2} - \tan\alpha)]$	$\varepsilon_b = 1.708$	
	外啮合	$\varepsilon_b = \dfrac{1}{2\pi}[z_1(\tan\alpha_{a1} - \tan\alpha) - z_2(\tan\alpha_{a2} - \tan\alpha)]$		$\varepsilon_b = 1.955$

表 12-10 低速级齿轮几何尺寸

项 目	计 算 公 式	a-c 啮合齿轮副	b-c 啮合齿轮副
分度圆直径/mm	$d_1 = mz_1$ $d_2 = mz_2$	$d_1 = 38$ $d_2 = 100$	$d_1 = 100$ $d_2 = 238$
基圆直径/mm	$d_{b1} = d_1 \cos\alpha$ $d_{b2} = d_2 \cos\alpha$ $\alpha = 20°$	$d_{b1} = 35.708$ $d_{b2} = 93.969$	$d_{b1} = 93.969$ $d_{b2} = 223.647$

项　目		计　算　公　式	a-c 啮合齿轮副	b-c 啮合齿轮副
齿顶圆直径 d_a/mm	外啮合	$d_{a1}=d_1+2mh_a^*$ $d_{a2}=d_2+2mh_a^*$ $h_a^*=1$	$d_{a1}=42$ $d_{a2}=104$	
	内啮合	$d_{a1}=d_1+2mh_a^*$ $d_{a2}=d_2-2mh_a^*$ $h_a^*=1$		$d_{a1}=104$ $d_{a2}=234$
齿根圆直径 d_f/mm	外啮合	$d_{f1}=d_1-2m(h_a^*+c^*)$ $d_{f2}=d_2-2m(h_a^*+c^*)$ $h_a^*=1,c^*=0.25$	$d_{f1}=33$ $d_{f2}=95$	
	内啮合	$d_{f1}=d_1-2m(h_a^*+c^*)$ $d_{f2}=d_2+2m(h_a^*+c^*)$ $h_a^*=1,c^*=0.25$		$d_{f1}=95$ $d_{f2}=243$
齿顶压力角 α_a		$\alpha_{a1}=\arccos\dfrac{d_{b1}}{d_{a1}}$ $\alpha_{a2}=\arccos\dfrac{d_{b2}}{d_{a2}}$	$\alpha_{a1}=31.767°$ $\alpha_{a2}=25.371°$	$\alpha_{a1}=25.371°$ $\alpha_{a2}=17.107°$
重合度	内啮合	$\varepsilon_b=\dfrac{1}{2\pi}[z_1(\tan\alpha_{a1}-\tan\alpha)+z_2(\tan\alpha_{a2}-\tan\alpha)]$	$\varepsilon_b=1.649$	
	外啮合	$\varepsilon_b=\dfrac{1}{2\pi}[z_1(\tan\alpha_{a1}-\tan\alpha)-z_2(\tan\alpha_{a2}-\tan\alpha)]$		$\varepsilon_b=1.942$

4. 传动效率的计算

对于 2Z-X(A)型微型行星齿轮传动,其传动效率 η_{ax}^b 值可按下式计算,即每一级的效率值为

$$\eta_{ax}^b=1-\frac{p}{1+p}\chi_m^x$$

1) 高速级传动效率

高速级传动效率为

$$p=\frac{z_b}{z_a}=\frac{232}{20}=11.6$$

取 $f_m=0.1$,损失系数为

$$\chi_m^x=\chi_{ma}^x+\chi_{mb}^x$$

其中:

$$\chi_{ma}^x=2.3f_m\left(\frac{1}{z_1}+\frac{1}{z_2}\right)=2.3\times0.1\times\left(\frac{1}{20}+\frac{1}{106}\right)=0.01367$$

$$\chi_{mb}^x=2.3f_m\left(\frac{1}{z_1}-\frac{1}{z_2}\right)=2.3\times0.1\times\left(\frac{1}{106}-\frac{1}{232}\right)=0.00118$$

$$\chi_m^x = \chi_{ma}^x + \chi_{mb}^x = 0.01367 + 0.00118 = 0.01485$$

所以可得

$$\eta_{ax}^b = 1 - \frac{11.6}{1+11.6} \times 0.01485 = 0.986$$

2）低速级传动效率

低速级传动效率为

$$p = \frac{z_b}{z_a} = \frac{119}{19} = 6.263$$

同理，$f_m = 0.1$；$\chi_{ma}^x = 0.01671$；$\chi_{mb}^x = 0.00267$；$\chi_m^x = 0.01937$；可得

$$\eta_{ax}^b = 1 - \frac{6.263}{1+6.263} \times 0.01937 = 0.983$$

3）总传动效率

两级串联的传动效率为

$$\eta_p' = 0.986 \times 0.983 = 0.969$$

再考虑到滚动轴承的传动效率 $\eta_n = 0.98$，则该行星齿轮传动的效率为

$$\eta_p = \eta_p' \eta_n = 0.969 \times 0.98 = 0.950$$

5. 受力分析

1）高速级受力分析

中心轮 a 的输入转矩 T_1（每一对齿轮啮合中的转矩）为

$$T_1 = 9549 \times \frac{3}{3 \times 3000} \text{N} \cdot \text{m} = 3.183 \text{N} \cdot \text{m}$$

且有

$$T_a = n_p T_1 = 3 \times 3.183 \text{N} \cdot \text{m} = 9.549 \text{N} \cdot \text{m}$$

行星轮 c 作用于中心轮 a 的切向力为

$$F_{ca} = \frac{2000 T_1}{d_1} = \frac{2000 \times 3.183}{20} \text{N} = 318.3 \text{N}$$

行星轮 c 上的三个切向力 F_{ac}、F_{bc} 和 F_{xc} 分别为

$$F_{ac} = -F_{ca} = -318.3 \text{N}$$

$$F_{bc} = F_{ac} = -318.3 \text{N}$$

$$F_{xc} = -2F_{ac} = 636.6 \text{N}$$

内齿轮 b 承受的切向力为

$$F_{cb} = -F_{bc} = 318.3 \text{N}$$

内齿轮 b 所受的转矩为

$$T_b = \frac{d_b}{d_a} T_a = \frac{232}{20} \times 9.549 \text{N} \cdot \text{m} = 110.768 \text{N} \cdot \text{m}$$

转臂 x 承受的切向力为

$$F_{cx} = -F_{xc} = -636.6 \text{N}$$

转臂 x 输出的转矩为

$$T_x = -i_{p1}T_a = -12.6 \times 9.549\text{N} \cdot \text{m} = -120.317\text{N} \cdot \text{m}$$

2）低速级受力分析

中心轮 a 的输入转矩为

$$T_a' = -i_{p1}T_a = -12.6 \times 9.549\text{N} \cdot \text{m} = -120.317\text{N} \cdot \text{m}$$

行星轮 c 作用于中心轮 a 的切向力为

$$F_{ca}' = \frac{2000T_a'}{n_p d_a'} = \frac{-2000 \times 120.317}{3 \times 38}\text{N} = -2110.832\text{N}$$

行星轮 c 上的三个切向力 F_{ac}'、F_{bc}' 和 F_{xc}' 分别为

$$F_{ac}' = -F_{ca}' = 2110.832\text{N}$$

$$F_{bc}' = F_{ca}' = -2110.832\text{N}$$

$$F_{xc}' = -2F_{ac}' = -4221.663\text{N}$$

内齿轮 b 承受的切向力为

$$F_{cb}' = -F_{bc}' = 2110.832\text{N}$$

内齿轮 b 所受的转矩为

$$T_b' = \frac{d_b}{d_a}T_a' = -\frac{238}{38} \times 120.317\text{N} \cdot \text{m} = -753.567\text{N} \cdot \text{m}$$

转臂 x 承受的切向力为

$$F_{cx}' = -F_{xc}' = 4221.663\text{N}$$

转臂 x 输出的转矩为

$$T_x' = -i_p T_a = -91.514 \times 9.549\text{N} \cdot \text{m} = -873.884\text{N} \cdot \text{m}$$

6. 行星齿轮传动的强度验算

对于 2Z-X(A)型行星齿轮多级减速器传动，分别校核高速级和低速级齿面接触强度，然后再验算其齿根弯曲强度。

按照 12.1 节中一级行星齿轮强度校核的方法依次校核齿面接触疲劳强度和齿根弯曲疲劳强度，此处不再赘述。

12.2.3　轴的设计计算

1. 输入轴直径

根据 2Z-X(A)型的行星齿轮传动的工作特点、传递功率的大小和转速的高低情况，首先确定中心齿轮 a_1 的结构，因为它的直径较小，$d_1 = 20\text{mm}$，所以 a_1 采用齿轮轴的结构形式，即将中心齿轮 a_1 与输入轴连成一体。

按扭转强度条件求轴的最小直径，公式如下：

$$d \geqslant A_0 \sqrt[3]{\frac{P}{n}}$$

其中，$P = 3\text{kW}$，$n = 3000\text{r/min}$，查得 20CrMnTi 的 $A_0 = 112$，则：

$$d \geqslant 112 \times \sqrt[3]{\frac{3}{3000}} = 11.2\text{mm}$$

输入轴的最小直径截面处开有键槽，轴颈增大 5％～7％，故 $d_{\min}=[11.76,11.98]\text{mm}$。其实际尺寸将在选择轴承时最后确定。为了便于轴上的零件的装拆，将轴设计成阶梯轴。如图 12-12 所示。

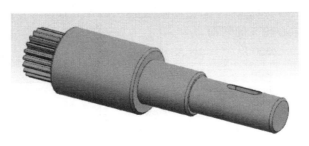

图 12-12　输入轴结构

2. 输入轴轴承

根据估算所得直径、轮毂宽及安装情况等条件，在该轴中间一段安装一个深沟球轴承 600204 型，其尺寸为 $d\times D\times B=20\text{mm}\times47\text{mm}\times14\text{mm}$。查得的轴承参数 $C_r=12.8\text{kN}$，$C_0=6.65\text{kN}$；取载荷系数 $f_d=1.2$。轴承所受径向力 F_r 为

$$F_r=F_t\tan\alpha=318.3\times\tan20°\text{N}=115.85\text{N}$$

当量动载荷 $P=1.2\times115.85\text{N}=139.02\text{N}$。

轴承的寿命计算公式为

$$L_h=\frac{10^6}{60n}\left(\frac{C}{P}\right)^\varepsilon=\frac{10^6}{60\times3000}\left(\frac{12.8}{0.116}\right)^3=7.46\times10^6\text{h}\gg29200\text{h}$$

故该对轴承满足寿命要求。

3. 校核轴的刚度

轴的扭转变形用每米长的扭转角 φ 来表示。计算公式为

$$\varphi=5.73\times10^4\frac{T}{GI_p}$$

式中，T——转矩，N·mm；

　　G——轴的材料剪切弹性模量，MPa，对于钢材，$G=8.1\times10^4\text{MPa}$；

　　I_p——轴截面的极惯性矩，mm^4，对于圆轴，$I_p=\dfrac{\pi d^4}{32}$。

轴的扭转刚度条件为

$$\varphi\leqslant[\varphi]$$

对于精密传动轴，可取 $[\varphi]=0.25\sim0.5(°)/\text{m}$。

其中，$T=9549\text{N·mm}$，则

$$\varphi=5.73\times10^4\times\frac{9549\times32}{8.1\times10^4\times\pi\times20^4}(°)/\text{m}=0.43(°)/\text{m}<0.5(°)/\text{m}$$

满足条件。

4. 输入轴上的键连接

平键连接传递转矩时,其主要失效形式是工作面被压溃。因此,通常只按工作面上的挤压应力进行强度校核计算。普通平键连接的强度条件按下式计算:

$$\sigma_{bs} = \frac{2000T}{kld} \leqslant [\sigma_{bs}]$$

式中,T——转矩,N·mm;

　　　k——键的高度的一半,mm;

　　　l——键的工作长度,mm,A 型键 $l = L - b$;B 型键 $l = L$;C 型键 $l = L - b/2$,其中 L 为键的长度,b 为键的宽度;

　　　d——轴颈,mm;

　　　$[\sigma_{bs}]$——许用挤压应力,N·mm^{-2},其许用挤压应力值按轻微冲击算,查相关资料得 $[\sigma_{bs}] = 100 \sim 120 MPa$。

由前面计算知输入转矩 $T = 9.549 kN \cdot m$,选用 A 型键,其尺寸为 $b \times h \times L = 5mm \times 5mm \times 16mm$,$k = 2.5mm$,$l = 11mm$。

键连接处的轴颈 $d = 16mm$ 代入键的剪切强度计算公式得

$$\sigma_{bs} = \frac{2000T}{kld} = \frac{2000 \times 9.549}{2.5 \times 11 \times 16} MPa = 43.4 MPa \leqslant [\sigma_{bs}]$$

5. 高速行星架轴

高速行星架轴与高速行星架采用花键连接,与平键相比,花键连接在强度、工艺和使用方面有以下优点:因为在轴上与毂孔之间连接而匀称地制出较多的齿与槽,所以连接受力较为均匀;因槽较浅,齿根处应力集中较小,轮与毂的强度削弱较少;齿数较多,总接触面积大,因而可承受较大的载荷;零件与轴的对中性好,对高速及精密仪器很重要。因此,采用花键连接。

因为渐开线花键可以采用制造齿轮的方法来加工,工艺性较好,制造精度也较高。花键齿的根部强度高,应力集中小,易于定心。当传递的转矩较大且轴径也大时,宜采用渐开线花键连接。压力角为 30°压力角渐开线花键比压力角为 45°的渐开线花键承载能力高,所以选用 30°渐开线花键。

取模数 $m = 1mm$,齿数 $z = 40$,压力角 $\alpha = 30°$。

1) 校核花键连接的强度

花键连接强度条件为(静连接)

$$\sigma_{bs} = \frac{2000T}{\chi zhld_m} \leqslant [\sigma_{bs}]$$

式中,T——转矩,N·mm;

　　　χ——载荷分配不均系数,系数与齿数的多少有关,一般取 $\chi = 0.7 \sim 0.8$,齿数多时取偏小值;

　　　z——花键的齿数;

　　　l——工作长度,mm;

h——花键齿侧面的工作高度，$\alpha=30°$，$h=m$；

d_m——花键的平均直径，渐开线花键时为分度圆直径；

$[\sigma_{bs}]$——花键连接的许用挤压应力，查表得中等制造情况下，齿面经热处理后$[\sigma_{bs}]=$ $100\sim140\text{MPa}$。

$$\sigma_{bs}=\frac{2000\times120.317}{0.8\times40\times1\times20\times40}\text{MPa}=9.4\text{MPa}\leqslant[\sigma_{bs}]$$

花键连接的强度满足使用情况。

2）输出轴设计

初算轴的最小直径，按公式得

$$d\geqslant A_0\sqrt[3]{\frac{P}{n}}$$

其中，$P=3\text{kW}\times\eta_p=3\text{kW}\times0.95=2.85\text{kW}$；$n=32.78\text{r/min}$。材料选用 20CrMnTi，查得其 $A_0=112$，则可得

$$d\geqslant112\times\sqrt[3]{\frac{2.85}{32.78}}\text{mm}=50\text{mm}$$

输入轴的最小直径截面处开有键槽，轴颈增大 $5\%\sim7\%$，故 $d_{min}=[52.5,53.5]\text{mm}$。为了便于轴上的零件的装拆，将轴做成阶梯形。同时，由于传递转矩较大，且直径较大，故输出轴与低速级行星架采用花键连接。如图 12-13 所示。取模数 $m=2\text{mm}$，齿数 $z=30$，压力角 $\alpha=30°$。

图 12-13   输出轴的结构设计

3）校核花键连接的强度

花键连接强度条件为（静连接）

$$\sigma_{bs}=\frac{2000T}{\chi zhld_m}\leqslant[\sigma_{bs}]$$

其中，$T=873.884\text{N}\cdot\text{mm}$，则 σ_{bs} 为

$$\sigma_{bs}=\frac{2000\times873.884}{0.8\times30\times2\times20\times60}\text{MPa}=30.34\text{MPa}\leqslant[\sigma_{bs}]$$

花键连接的强度满足使用情况。

4）选择输出轴轴承

由于输出轴的轴承不承受径向工作载荷（仅承受输出转臂装置的自重），所示轴承的尺寸应由结构要求来确定。故按结构要求选用单列深沟球轴承 6212 型，其尺寸为 $d\times D\times B=60\text{mm}\times110\text{mm}\times22\text{mm}$。

5）校核轴的刚度

轴的扭转变形用每米长的扭转角 φ 来表示。计算公式为

$$\varphi = 5.73 \times 10^4 \frac{T}{GI_p}$$

式中，T——转矩，$N \cdot mm$；

　　$G = 8.1 \times 10^4 MPa$；

　　I_p——轴截面的极惯性矩，mm^4，对于圆轴，$I_p = \dfrac{\pi d^4}{32}$。

轴的扭转刚度条件为

$$\varphi \leqslant [\varphi]$$

对于精密传动轴，可取 $\varphi = 0.25 \sim 0.5 (°)/m$。其中，$T = 873.884 N \cdot m$。同理 $G = 8.1 \times 10^4 MPa$；$I_p = \dfrac{\pi d^4}{32}$；$d = 60mm$。则 φ 为

$$\varphi = 5.73 \times 10^4 \times \frac{873.884 \times 32 \times 10^3}{8.1 \times 10^4 \times \pi \times 60^4} (°)/m = 0.486 (°)/m < 0.5 (°)/m$$

满足条件。

6）输出轴上键的选择及强度计算

同理，可求得 σ_{bs} 为

$$\sigma_{bs} = \frac{2000T}{kld} \leqslant [\sigma_p]$$

选用 A 型键，其尺寸为 $b \times h \times L = 16mm \times 10mm \times 110mm$，$k = 0.5 \times 10mm = 5mm$，$l = 94mm$，键连接处的轴颈 $d = 16mm$，代入上式得

$$\sigma_{bs} = \frac{2000T}{kld} = \frac{2000 \times 873.884}{5 \times 94 \times 55} MPa = 67.6 MPa \leqslant [\sigma_{bs}]$$

6. 高速级行星轴设计

1）初算轴的最小直径

在相对运动中，每个行星轮轴承受切向载荷 $F_t = 636.6 N$，则其径向力 $F_r = 636.6 \times \tan 20° N = 231.7 N$。行星轴可看作悬臂梁，受力如图 12-14 所示。

平均受力为

$$q = \frac{F_t}{l}$$

取 $l = b = 15mm$，完成轴承选取后最终确定。危险截面（在根部的）的弯矩为

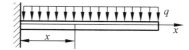

图 12-14　行星架受力图

$$M = \frac{1}{2} q l^2 = 1737.75 N \cdot mm$$

行星轮轴采用 40Cr，材料调质 $\sigma_s = 540 MPa$，考虑到可能的冲击振动，取安全系数 $s = 2$，则许用弯曲应力为

$$[\sigma_b] = \sigma_s/2 = 540/2 MPa = 270 MPa$$

故行星轮轴直径 d 取值为

$$d \geqslant \sqrt[3]{\frac{32M}{\pi [\sigma_b]}} = \sqrt[3]{\frac{32 \times 1737.75}{\pi \times 270}} mm = 4.03 mm$$

其实际尺寸将在选择轴承时最后确定。

2）选择行星轮轴承

在行星轮内安装滚针轴承，轴承应具备的基本额定动载荷 C 可由公式 $C=P\sqrt[\varepsilon]{\dfrac{60nL'_h}{10^6}}$ 求出。

每个轴承上的参数为：径向载荷 $P=F_r=231.7\text{N}$；工作寿命 $L'_h=29200\text{h}$；工作转速 $n=n_a\times\dfrac{z_a}{z_c}=566.04\text{r/min}$；$\varepsilon=10/3$。代入参数求得

$$C=P\sqrt[\varepsilon]{\frac{60nL'_h}{10^6}}=231.7\times\sqrt[\frac{10}{3}]{\frac{60\times566.04\times29200}{10^6}}\text{kN}=1.84\text{kN}$$

综合轴的最小直径，选用 JB/T 7918—1997K10×14×13 号滚针轴承，其内径为 10mm，外径为 14mm，基本额定动载荷 $C_r=6.70\text{kN}$，全部满足。

7. 低速级行星轮轴设计

1）初算轴的最小直径

在相对运动中，每个行星轮轴承受稳定载荷 $F_r=4221.663\text{N}\times\tan20°=1536.6\text{N}$，$q=\dfrac{F_r}{l}$，取 $l=b=28.5\text{mm}$，完成轴承选取后最终确定轴的最小直径。危险截面（在根部的）的弯矩为

$$M=\frac{1}{2}ql^2=21896.55\text{N}\cdot\text{mm}$$

行星轮轴采用 40Cr，轴承调质 $\sigma_s=540\text{MPa}$，$s=2$，许用弯曲应力 $[\sigma_b]=540/2\text{MPa}=270\text{MPa}$，故行星轮轴直径为

$$d\geq\sqrt[3]{\frac{32M}{\pi[\sigma_b]}}=\sqrt[3]{\frac{32\times21896.55}{\pi\times270}}\text{mm}=9.38\text{mm}$$

2）选择行星轮轴承

每个轴承上的径向载荷 $P=F_r=1536.6\text{N}$；$L'_h=29200\text{h}$；$n=n_a\times\dfrac{z_a}{z_c}=90.476\text{r/min}$；$\varepsilon=10/3$。代入参数求得

$$C=P\sqrt[\varepsilon]{\frac{60nL'_h}{10^6}}=1536.6\times\sqrt[\frac{10}{3}]{\frac{60\times90.476\times29200}{10^6}}\text{kN}=7.02\text{kN}$$

综合轴的最小直径，选用 JB/T 7918—1997K30×35×27 号滚针轴承，其内径为 30mm，外径为 35mm，基本额定动载荷 $C_r=26.8\text{kN}$，满足工作要求。

12.2.4 转臂、箱体及附件的设计

1. 转臂结构方案

转臂 x 是行星齿轮传动中的一个较重要的构件。一个结构合理的转臂 x 应当外廓尺寸小、质量小，具有足够的强度和刚度，动平衡性好，能保证行星齿轮间的载荷分布均匀，而且

应具有良好的加工和装配工艺。

目前,较常用的转臂结构有双侧板整体式、双侧板分开式和单侧板式 3 种类型。

本设计采取单侧板式转臂,如图 12-15 所示。单侧板式转臂的结构较简单,但存在行星轮为悬臂梁,受力情况不好的特点。转臂 x 上安装行星轮的轴应按悬臂梁计算,轴径 d 应按弯曲强度和刚度确定。轴与孔应采取过盈配合,如采取 H7/u6 和 H8/u7 的配合。

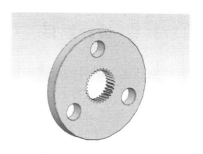

图 12-15 　行星架的结构图

2. 端盖的设计

端盖是上述各基本构件的安装基础,也是行星齿轮传动中的重要组成部分。在进行端盖的结构设计时,要根据制造工艺、安装工艺、使用维护及经济性等条件来决定其具体的结构型式。同时应尽量减少壁厚,设计如图 12-16 所示。

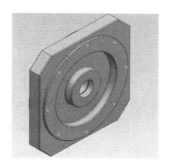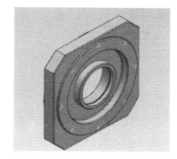

图 12-16 　减速器端盖结构图

3. 其他附件的选用

初步选择 M8 的六角头螺栓,根据机械设计手册,材料选择钢,机械性能等级选择为 4.8,故屈服强度 $\sigma_s = 320\text{MPa}$。根据 M8 查表得,$S_\tau = 2.5$,$S_{bs} = 1.25$,最小接触高度预计为 20mm。

螺栓组受力 $F = T/r = 873.884/0.13\text{N} = 6722.18\text{N}$。

挤压强度为

$$\sigma_{bs} = \frac{F}{d_0 L_{min}} = \frac{6722.18 \div 8}{8 \times 20}\text{MPa} = 5.25\text{MPa} < \frac{\sigma_s}{S_{bs}} = 256\text{MPa}$$

剪切强度为

$$\sigma_{bs} = \frac{4F}{\pi d_0^2} = \frac{6722.18 \times 4 \div 8}{\pi \times 12^2}\text{MPa} = 7.42\text{MPa} < \frac{\sigma_s}{S_\tau} = 128\text{MPa}$$

所以 M8 的六角螺栓能够满足强度要求。

扫描右侧二维码可以观看行星齿轮传动的仿真动画和装配动画。

12.3 二级展开式齿轮减速器设计

12.3.1 设计题目

设计运送原料的带式运输机用的齿轮减速器。根据表 12-11 给定的工况参数,选择适当的电动机、联轴器,设计 V 带传动、二级圆柱齿轮(斜齿)减速器(所有的轴、齿轮、滚动轴承、减速器箱体、箱盖及其他附件)和与输送带连接的联轴器,设计方案如图 12-17 所示。已知滚筒及运输带的效率 $\eta=0.94$。工作时,载荷有轻微冲击。室内工作,水分和颗粒为正常状态,产品为成批生产,允许总速比误差小于 $\pm 4\%$,要求齿轮使用寿命为 10 年,二班工作制,滚动轴承使用寿命不小于 15000h。

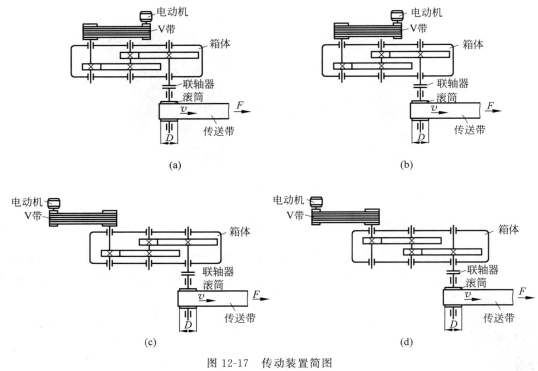

图 12-17 传动装置简图

表 12-11 原始数据

输送带拉力 F/N	输送带速度 $v/(m \cdot s^{-1})$	驱动带轮直径 D/m
4337.12	1.82	1.135

1. 传动方案选择

图 12-17 为传动方案的示意图,在空间和形式均没有要求的情况下,该传动装置的布置可以有如下 4 种不同的方案:

（1）电动机在带轮右侧，高速齿轮远离带轮（图 12-17(a)）；

（2）电动机在带轮右侧，高速齿轮靠近带轮（图 12-17(b)）；

（3）电动机在带轮左侧，高速齿轮远离带轮（图 12-17(c)）；

（4）电动机在带轮左侧，高速齿轮靠近带轮（图 12-17(d)）。

在以上 4 种方案中，方案（3）、（4）的两根轴所受弯矩是一样的，方案（1）和（3）的低速轴所受转矩略长。而 4 个方案的高速轴则大不相同，其中方案（4）的高速轴所受弯矩最小，因此如果没有特殊要求，该方案更合理些。下面按该方案进行设计。

2. 电动机类型、功率与转速选择

（1）按工作条件和要求，选用 Y 系列三相异步电动机。

（2）选择电动机的功率。计算工作机所需的功率，公式为

$$P_w = Fv = 4337.12 \times 1.82 \div 1000 \text{kW} = 7.89 \text{kW}$$

初选联轴器为弹性联轴器，滚动轴承为圆锥滚子轴承，齿轮为精度等级为 7 的闭式圆柱斜齿轮，带传动为普通 V 带传动。传动系统总效率为

$$\eta_{总} = \eta_{带} \eta_{齿轮}^2 \eta_{轴承}^3 \eta_{联} \eta_{工} = 0.95 \times 0.98^2 \times 0.98^3 \times 0.99 \times 0.94 = 0.78$$

电动机所需的功率为

$$P_d = \frac{P_w}{\eta_{总}} = \frac{7.89}{0.78} \text{kW} = 10.12 \text{kW}$$

考虑到在各零部件设计时需要有一定的工况系数，取电动机的工况系数为 1.3，则电动机的额定功率为

$$P_{ed} \geqslant k_A P_d = 1.3 \times 10.12 \text{kW} = 13.15 \text{kW}$$

所以选取电动机的额定功率 $P_{ed} = 15 \text{kW}$。

（3）选择电动机转速。计算工作机主轴转速

$$n_w = \frac{60 \times 1000 v}{\pi D} = \frac{60 \times 1000 \times 1.82}{\pi \times 1.135} \text{r/min} = 30.63 \text{r/min}$$

根据工作机主轴转速 n_w 及有关机械传动的常用传动比范围，取普通 V 带的传动比 $i_{带} = 2 \sim 4$，一级圆柱齿轮传动比 $i_1 = i_2 = 3 \sim 6$，可计算电动机转速的合理范围为 $n_d = n_w i_1 i_2 i_3 = 30.63 \times (2 \sim 4) \times (3 \sim 6) \times (3 \sim 6) \text{r/min} = 551.34 \sim 4410.72 \text{r/min}$，查附录 11，符合这一范围的电动机同步转速有 750、1000、1500、3000 r/min 4 种，现选用同步转速 1500 r/min，满载转速 $n_m = 1460 \text{r/min}$ 的电动机，查得其型号和主要数据如表 12-12 和表 12-13 所示。

表 12-12　电动机主要参数

型号	额定功率	同步转速	满载转速	堵转转矩/额定转矩	最大转矩/额定转矩
Y160L-4	15kW	1500r/min	1460r/min	2.2	2.2

表 12-13　电动机安装及有关尺寸主要参数

单位：mm

中心高	外形尺寸 $L \times (AC/2 + AD) \times HD$	地脚安装尺寸 $A \times B$	地脚螺栓直径 K	轴伸尺寸 $D \times E$	键公称尺寸 $F \times h$
160	645×417.5×385	254×254	15	42×110	12×8

3. 计算总传动比和各级传动比分配

根据电动机的满载转速 n_m 和工作机主轴的转速 n_w，传动装置的总传动比按下式计算：

$$i = n_m / n_w \tag{12-2}$$

总传动比 i 为各级传动比的连乘积，即

$$i = i_1 i_2 \cdots i_n \tag{12-3}$$

总传动比的一般分配原则如下。

（1）限制性原则。各级传动比应控制在附表 6-2 给出的常用范围以内。采用最大值时将使传动机构尺寸过大。

（2）协调性原则。传动比的分配应使整个传动装置的结构匀称、尺寸比例协调而又不相互干涉。如果传动比分配不当，就有可能造成 V 带传动中从动轮的半径大于减速器输入轴的中心高，卷筒轴上开式齿轮传动的中心距小于卷筒的半径，以及多级减速器内大齿轮的齿顶与相邻轴的表面相碰等情况。

（3）等浸油深度原则。对于展开式双级圆柱齿轮减速器，通常要求传动比的分配应使两个大齿轮的直径比较接近，从而有利于实现浸油润滑。由于低速级齿轮的圆周速度较低，因此其大齿轮的直径允许稍大些（即浸油深度可深一些）。其传动比分配如图 12-18 所示。

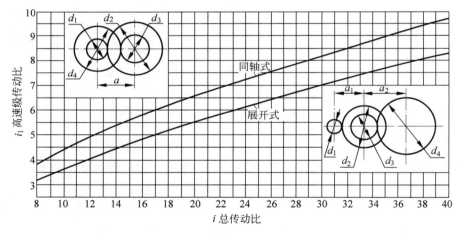

图 12-18　两级圆柱齿轮减速器传动比分配

（4）等强度原则。在设计过程中，有时往往要求同一减速器中各级齿轮的接触强度比较接近，以使各级传动零件的使用寿命大致相等。若双级减速器各级的齿宽系数和齿轮材料的接触疲劳极限都相等，且 $a_2 / a_1 = 1.1$，则通用减速器的公称传动比可按表 12-14 搭配。

表 12-14　双级减速器的传动比搭配

i	6.3	7.1	8	9	10	11.2	12.5	14	16	18	20	22.4
i_1	2.5	2.8	3.15		3.55		4	4.5	5	5.6		6.3
i_2		2.5				2.8			3.15		3.55	

（5）优化原则。当要求所设计的减速器的质量最轻或外形尺寸最小时，可以通过调整传动比和其他设计参数（变量），用优化方法求解。上述传动比的分配只是初步的数值，由于

在传动零件设计计算中,带轮直径和齿轮齿数的圆整会使各级传动比有所改变。因此,在所有传动零件设计计算完成后,实际总传动比与要求的总传动比有一定的误差,一般相对误差控制在 $\pm(3\sim5)\%$ 的范围内。

4. 传动装置的运动和动力参数计算

为了给传动件的设计计算提供依据,应计算各传动轴的转速、输入功率和转矩等有关参数。计算时,可将各轴由高速至低速依次编为 0 轴(电动机轴)、Ⅰ轴、Ⅱ轴⋯⋯,并按此顺序进行计算。

1)计算各轴的转速

传动装置中,各轴转速的计算公式为

$$\begin{cases} n_0 = n_m \\ n_{\text{I}} = n_0 / i_{01} \\ n_{\text{II}} = n_{\text{I}} / i_{12} \\ n_{\text{III}} = n_{\text{II}} / i_{23} \end{cases} \tag{12-4}$$

式中,i_{01}、i_{12}、i_{23}——相邻两轴间的传动比;

n_m——电动机的满载转速。

2)计算各轴的输入功率

电动机的计算功率一般可用电动机所需实际功率 P_d 作为计算依据,则其他各轴输入功率为

$$P_{\text{I}} = P_d \eta_{01}$$
$$P_{\text{II}} = P_{\text{I}} \eta_{12}$$
$$P_{\text{III}} = P_{\text{II}} \eta_{23} \tag{12-5}$$

式中,η_{01}、η_{12}、η_{23}——相邻两轴间的传动效率。

3)计算各轴输入转矩

电动机输出转矩为

$$T_d = 9550 \frac{P_d}{n_m} \tag{12-6}$$

其他各轴输入转矩为

$$\begin{cases} T_{\text{I}} = 9550 \dfrac{P_{\text{I}}}{n_{\text{I}}} \\[2mm] T_{\text{II}} = 9550 \dfrac{P_{\text{II}}}{n_{\text{II}}} \\[2mm] T_{\text{III}} = 9550 \dfrac{P_{\text{III}}}{n_{\text{III}}} \end{cases} \tag{12-7}$$

运动和动力参数的计算数值可以整理列表备查。

确定该传动装置的总传动比,各级传动比的分配,并计算各轴转速、功率和输入转矩。

(1)确定传动装置总传动比及其分配。

传动装置的总传动比为

$$i = \frac{n_m}{n_w} = \frac{1460}{30.63} = 47.67$$

取 V 带传动比 $i_带 = 2.4$，按表 12-4 查得：一级齿轮传动比 $i_1 = 5.6$，二级齿轮传动比 $i_2 = 3.55$。

（2）计算传动装置各级传动功率、转速与转矩。

计算各轴输入功率如下：

小带轮轴功率 $P_d = 10.12 \text{kW}$；

齿轮轴 I 功率 $P_I = P_d \eta_带 = 10.12 \times 0.95 \text{kW} = 9.61 \text{kW}$；

齿轮轴 II 功率 $P_{II} = P_I \eta_{齿轮} \ \eta_{轴承} = 9.61 \times 0.98 \times 0.98 \text{kW} = 9.23 \text{kW}$；

齿轮轴 III 功率 $P_{III} = P_{II} \eta_{齿轮} \ \eta_{轴承} = 9.23 \times 0.98 \times 0.98 \text{kW} = 8.86 \text{kW}$。

计算各轴转速如下：

小带轮轴转速 $n_d = n_m = 1460 \text{r/min}$；

齿轮轴 I 转速 $n_I = \frac{n_d}{i_带} = \frac{1460}{2.4} \text{r/min} = 608.33 \text{r/min}$；

齿轮轴 II 转速 $n_{II} = \frac{n_I}{i_I} = \frac{608.33}{5.6} \text{r/min} = 108.63 \text{r/min}$；

齿轮轴 III 转速 $n_{III} = \frac{n_{II}}{i_2} = \frac{108.63}{3.55} \text{r/min} = 30.60 \text{r/min}$。

计算各轴转矩如下：

小带轮轴转矩 $T_d = 9550 \frac{P_d}{n_d} = 9550 \times \frac{10.12}{1460} \text{N} \cdot \text{m} = 66.20 (\text{N} \cdot \text{m})$；

齿轮轴 I 转矩 $T_I = 9550 \frac{P_I}{n_I} = 9550 \times \frac{9.61}{608.33} \text{N} \cdot \text{m} = 150.86 (\text{N} \cdot \text{m})$；

齿轮轴 II 转矩 $T_{II} = 9550 \frac{P_{II}}{n_{II}} = 9550 \times \frac{9.23}{108.63} \text{N} \cdot \text{m} = 811.44 (\text{N} \cdot \text{m})$；

齿轮轴 III 转矩 $T_{III} = 9550 \frac{P_{III}}{n_{III}} = 9550 \times \frac{8.86}{30.60} \text{N} \cdot \text{m} = 2765.13 (\text{N} \cdot \text{m})$。

12.3.2 V 带传动设计

1. 功率计算

普通 V 带或窄 V 带设计计算可参考《机械设计教程——理论、方法与标准》中的相关设计内容。这里仅给出按照普通 V 带设计的结果。本章中的公式和图表参考"机械设计"。

根据载荷性质和每天运转时间，确定工作情况系数 $K_A = 1.2$，$P_{ca} = K_A P_d = 1.2 \times 10.12 \text{kW} = 12.14 \text{kW}$。

2. 带型选择

根据 P_{ca}、n_d，确定选用 B 型普通 V 带。

3. 确定带轮基准直径

取小带轮基准直径 $D_1 = 132\text{mm}$。根据下式计算从动轮基准直径 D_2：

$$D_2 = iD_1 = 2.4 \times 132\text{mm} = 316.8\text{mm}$$

取 $D_2 = 315\text{mm}$。

验算带的速度：

$$v = \frac{\pi D_1 n_1}{60 \times 1000} = \frac{\pi \times 132 \times 1460}{60 \times 1000}\text{m/s} = 10.08\text{m/s} < 30\text{m/s}$$

带的速度合适。

4. 确定 V 带的基准长度和传动中心距

根据 $0.7(D_1 + D_2) < a_0 < 2(D_1 + D_2)$，初选中心距 $a_0 = 600\text{mm}$。计算带长约为 $L_d' = 2a_0 + \frac{\pi}{2}(D_1 + D_2) + \frac{(D_2 - D_1)^2}{4a_0} = 1915.7\text{mm}$

选带的基准长度 $L_d = 2000\text{mm}$。计算实际中心距 a 为

$$a = a_0 + \frac{L_d - L_d'}{2} = 642.2\text{mm}$$

5. 验算主动轮上的包角 α_1

$$\alpha_1 = 180° - \frac{D_2 - D_1}{a} \times 60° = 180° - \frac{315 - 132}{642.2} \times 60° = 162.91° > 120°$$

小带轮上包角合适。

6. 计算 V 带的根数 z

由 $n_1 = 1460\text{r/min}, D_1 = 132\text{mm}, i = 2.4$，查表得 $P_0 = 2.51\text{kW}, \Delta P_0 = 0.46\text{kW}, K_\alpha = 0.95, K_L = 0.98$，则由下式得

$$z = \frac{P_{ca}}{(P_0 + \Delta P_0)K_\alpha K_L} = \frac{12.14}{(2.51 + 0.46) \times 0.95 \times 0.98} = 4.4$$

取 $z = 5$。

7. 计算预紧力 F_0

查表得 $q = 0.17\text{kg/m}$，计算预紧力 F_0

$$F_0 = 500\frac{P_{ca}}{vz}\left(\frac{2.5}{K_\alpha} - 1\right) + qv^2 = 228.15\text{N}$$

8. 计算作用在轴上的压轴力 F_Q

$$F_Q = 2zF_0\sin\frac{\alpha_1}{2} = 2 \times 5 \times 228.15\sin81.46\text{N} = 2256.17\text{N}$$

9. 带轮结构尺寸

V带轮采用 HT200 制造，允许最大圆周速度为 25m/s，如图 12-19 所示。由于轮毂宽 B_4 的尺寸决定了高速轴伸出段的最小阶梯轴长度，在图 12-19 中给出了轮毂宽 B_4 要比带轮宽 B_3 窄些的情况，所以取 $B_4 = 90$mm。

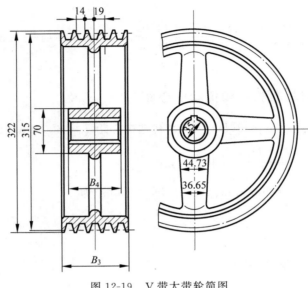

图 12-19　V 带大带轮简图

12.3.3　齿轮传动设计

1. 高速级齿轮设计

1）选择齿轮类型、材料、精度及参数

（1）大小齿轮都选用硬齿面。选大、小齿轮的材料均为 45 钢，并经调质后表面淬火，齿面硬度均为 45HRC。

（2）选取等级精度。初选 7 级精度（GB/T 10095.1—2022）。

（3）选小齿轮齿数 $z_1 = 25$，大齿轮齿数 $z_2 = i_2 z_1 = 5.6 \times 25 = 140$，取 $z_2 = 140$。

（4）初选螺旋角 $\beta = 15°$。

2）按齿面接触疲劳强度设计

考虑到闭式硬齿面齿轮传动失效形式可能是点蚀，也可能为疲劳折断，故按接触疲劳强度设计后，按齿根弯曲强度校核。

按设计计算公式进行试算，有

$$d_1 = \sqrt[3]{\frac{2K_{Ht}T_1}{\phi_d \varepsilon_\alpha} \cdot \frac{i \pm 1}{i}\left(\frac{Z_H Z_E}{[\sigma_H]}\right)^2}$$

下面确定公式内的各计算数值。

（1）载荷系数 K：试选 $K_t = 1.5$。

（2）小齿轮传递的转矩：$T_1 = 150.86 \text{N} \cdot \text{m} = 150860 \text{N} \cdot \text{mm}$。

（3）齿宽系数 ϕ_d：查表选取 $\phi_d = 1$。

（4）弹性影响系数 Z_E：由教材查表得钢材料 $Z_E = 189.8 \text{MPa}^{\frac{1}{2}}$。

（5）节点区域系数 Z_H：因为 $Z_H = \sqrt{\dfrac{2\cos\beta_b}{\sin\alpha_t\cos\alpha_t}}$，由 $\tan\alpha_t = \dfrac{\tan\alpha_n}{\cos\beta}$，$\tan\beta_b = \tan\beta\cos\alpha_t$ 得

$$\alpha_t = \arctan\left(\frac{\tan\alpha_n}{\cos\beta}\right) = \arctan\left(\frac{\tan20°}{\cos15°}\right) = 20.65°$$

$$\beta_b = \arctan(\tan\beta\cos\alpha_t) = \arctan(\tan15°\cos20.65°) = 14.08°$$

$$Z_H = \sqrt{\frac{2\cos14.08°}{\sin20.65°\cos20.65°}} = 2.425$$

（6）端面重合度 ε_α：

$$\varepsilon_\alpha = \frac{z_1(\tan\alpha_{at1} - \tan\alpha_{at}) + z_2(\tan\alpha_{at2} - \tan\alpha_{at})}{2\pi}$$

其中，

$$\alpha_{at1} = \arccos\left(\frac{z_1\cos\alpha_t}{z_1 + 2h_{an}^*\cos\beta}\right) = \arccos\left(\frac{25 \times \cos20.65°}{25 + 2 \times 1 \times \cos15°}\right) = 29.70°$$

$$\alpha_{at2} = \arccos\left(\frac{z_2\cos\alpha_t}{z_2 + 2h_{an}^*\cos\beta}\right) = \arccos\left(\frac{140 \times \cos20.65°}{140 + 2 \times 1 \times \cos15°}\right) = 22.63°$$

代入上式得

$$\varepsilon_\alpha = \frac{25 \times (\tan29.70° - \tan20.65°) + 140 \times (\tan22.63° - \tan20.65°)}{2\pi} = 1.662$$

（7）接触疲劳强度极限 σ_{Hlim}：由《机械设计教程——理论、方法与标准》按齿面硬度查得 $\sigma_{Hlim1} = \sigma_{Hlim2} = 1000 \text{MPa}$。

（8）应力循环次数：

$$N_1 = 60n_1jL_h = 60 \times 608.33 \times 1 \times (2 \times 8 \times 300 \times 10) = 1.792 \times 10^9$$

$$N_2 = \frac{N_1}{i_2} = \frac{1.752 \times 10^9}{5.6} = 3.129 \times 10^8$$

（9）接触疲劳寿命系数 K_{HN}：由《机械设计教程——理论、方法与标准》查得 $K_{HN1} = 0.88$，$K_{HN2} = 0.92$。

（10）接触疲劳许用应力 $[\sigma_H]$：取失效概率为 1%，安全系数 $S_H = 1$，得

$$[\sigma_{H1}] = K_{HN1}\sigma_{Hlim1}/S_H = 0.87 \times 1000/1 \text{MPa} = 870 \text{MPa}$$

$$[\sigma_{H2}] = K_{HN2}\sigma_{Hlim2}/S_H = 0.92 \times 1000/1 \text{MPa} = 920 \text{MPa}$$

因 $\dfrac{[\sigma_H]_1 + [\sigma_H]_2}{2} = 895 \text{MPa} < 1.23[\sigma_H]_2 = 1131.6 \text{MPa}$，故取 $[\sigma_H] = 895 \text{MPa}$。

3）计算

（1）试算小齿轮分度圆直径 d_{1t}，公式为

$$d_{1t} \geqslant \sqrt[3]{\frac{2KT_1}{\varphi_d} \cdot \frac{i+1}{i}\left(\frac{Z_HZ_E}{[\sigma_H]}\right)^2}$$

$$= \sqrt[3]{\frac{2 \times 1.5 \times 150860}{1 \times 1.662} \times \frac{5.6+1}{5.6} \times \left(\frac{2.425 \times 189.8}{895}\right)^2} \text{mm}$$

$$= 43.947 \text{mm}$$

(2) 计算圆周速度 v，公式为

$$v = \frac{\pi d_{1t} n_1}{60 \times 1000} = \frac{\pi \times 43.947 \times 608.33}{60000} \text{m/s} = 1.399 \text{m/s}$$

(3) 计算齿宽 b，公式为

$$b = \phi_d d_{1t} = 1 \times 43.947 \text{mm} = 43.947 \text{mm}$$

(4) 计算齿宽与齿高之比 b/h，公式为

$$b/h = \frac{\phi_d d_{1t}}{2.25 m_n} = \frac{\phi_d m_t z_1}{2.25 m_n} = \frac{\phi_d z_1}{2.25 \times \cos 15°} = 1 \times 25/2.25/\cos 15° = 11.5$$

(5) 计算载荷系数 K。

根据 $v = 1.399 \text{m/s}$，7 级精度，由《机械设计教程——理论、方法与标准》查得动载系数 $K_v = 1.06$；$K_\alpha = 1.2$；使用系数 $K_A = 1$；$K_{H\beta} = 1.0 + 0.31(1 + 0.6\phi_d^2)\phi_d^2 + 0.19 \times 10^{-3} b = 1.55$；齿向载荷分布系数 $K_{F\beta} = 1.37$；载荷系数为

$$K = K_A K_v K_\alpha K_{H\beta} = 1.0 \times 1.06 \times 1.2 \times 1.55 = 1.972$$

(6) 按实际的载荷系数修正分度圆直径

$$d_1 = d_{1t} \sqrt[3]{\frac{K}{K_t}} = 43.947 \times \sqrt[3]{\frac{1.972}{1.5}} \text{mm} = 48.15 \text{mm}$$

(7) 计算模数 m_n 公式为

$$m_n = \frac{d_1 \cos\beta}{z_1} = \frac{48.15 \times \cos 15°}{25} \text{mm} = 1.86 \text{mm}$$

取 $m_n = 2 \text{mm}$。

4) 按齿根弯曲疲劳强度校核

校核公式为式

$$\sigma_F = \frac{2K T_1 Y_\beta \cos^2\beta}{\phi_d \varepsilon_\alpha z_1^2 m_n^3} Y_{Fa} Y_{Sa} \leqslant [\sigma_F]$$

公式中的各参数确定如下。

(1) 载荷系数 K。

前面已查得 $K_A = 1$，$K_v = 1.06$，$K_\alpha = 1.2$，$K_{F\beta} = 1.37$，则有：

$$K = K_A K_v K_\alpha K_{F\beta} = 1 \times 1.06 \times 1.2 \times 1.37 = 1.743$$

(2) 齿形系数 Y_{Fa} 和应力校正系数 Y_{Sa}。

小齿轮当量齿数 $z_{v1} = z_1/\cos^3\beta = \dfrac{25}{\cos^3 15°} = 27.8$，大齿轮当量齿数 $z_{v2} = z_2/\cos^3\beta = \dfrac{140}{\cos^3 15°} = 155.3$。

$Y_{Fa1} = 2.62$，$Y_{Sa1} = 1.59$，$Y_{Fa2} = 2.148$，$Y_{Sa1} = 1.822$。

（3）螺旋角影响系数 Y_β。

轴面重合度 $\varepsilon_\beta = 0.318\phi_d z_1 \tan\beta = 0.318 \times 1 \times 25 \times \tan15° = 2.130$，取 $\varepsilon_\beta = 1$，则可得

$$Y_\beta = 1 - \varepsilon_\beta \times \frac{\beta}{120°} = 1 - 1 \times \frac{15}{120} = 0.875$$

（4）许用弯曲应力 $[\sigma_F]$。

查《机械设计教程——理论、方法与标准》得 $K_{FN1} = 0.84$，$K_{FN2} = 0.88$；$\sigma_{Flim1} = 500\text{MPa}$，$\sigma_{Flim2} = 500\text{MPa}$，取安全系数 $S_F = 1.4$，则可得

$$[\sigma_{F1}] = K_{FN1}\sigma_{Flim1}/S_F = 0.84 \times 500/1.4 = 300\text{MPa}$$

$$[\sigma_{F2}] = K_{FN2}\sigma_{Flim2}/S_F = 0.88 \times 500/1.4 = 314\text{MPa}$$

5）校核

小齿轮 σ_{F1} 为

$$\sigma_{F1} = \frac{2KT_1 Y_\beta \cos^2\beta}{\phi_d \varepsilon_\alpha z_1^2 m_n^3} Y_{Fa1} Y_{Sa1}$$

$$= \frac{2 \times 1.743 \times 150860 \times 0.875 \times \cos^2\beta}{1 \times 2.13 \times 25^2 \times 2^3} \times 2.62 \times 2.148$$

$$= 191.93 \leqslant [\sigma_F]_1 = 300$$

大齿轮 σ_{F2} 为

$$\sigma_{F2} = \frac{2KT_2 Y_\beta \cos^2\beta}{\phi_d \varepsilon_\alpha z_2^2 m_n^3} Y_{Fa2} Y_{Sa2}$$

$$= \frac{2 \times 1.743 \times 811440 \times 0.875 \times \cos^2\beta}{1 \times 2.13 \times 140^2 \times 2^3} \times 2.148 \times 1.822$$

$$= 180.31 \leqslant [\sigma_F]_2 = 314$$

大小齿轮齿根弯曲疲劳强度均满足。

由上述结果可见齿轮传动的弯曲强度有相当大的余量。所以通常按接触强度设计，确定方案后，再按弯曲强度核校，这样计算比较简单。也可分别按两种强度设计，分析对比，确定方案，这样有时可以得出更优的解。

6）齿轮传动几何尺寸计算

（1）中心距：$a = m_n(z_1 + z_2)/(2\cos\beta) = 2 \times (25 + 140)/(2\cos15°) = 170.82\text{mm}$，取 $a = 171\text{mm}$。

（2）修正螺旋角：$\beta = \arccos[m_n(z_1 + z_2)/(2a)] = \arccos[2 \times (25 + 140)/(2 \times 171)] = 15.22°$。

（3）分度圆直径为

$$d_1 = m_n z_1/\cos\beta = 2 \times 25/\cos15.22°\text{mm} = 51.82\text{mm}$$

$$d_2 = m_n z_2/\cos\beta = 2 \times 140/\cos15.22°\text{mm} = 290.18\text{mm}$$

（4）齿宽为

$$b = \phi_d d_1 = 1 \times 51.82\text{mm} = 51.82\text{mm}$$

取 $B_2 = 55\text{mm}$，$B_1 = B_2 + 5 = 60\text{mm}$

具体设计参数如表 12-15 所示。

表 12-15　高速级齿轮几何尺寸

名　称	代　号	计算公式与结果
法向模数	m_n	2mm
端面模数	m_t	$m_t = \dfrac{m_n}{\cos\beta} = 2.07\text{mm}$
螺旋角	β	15.22°
法向压力角	α_n	20°
端面压力角	α_t	$\alpha_t = \arctan(\tan\alpha_n/\cos\beta) = 20.67°$
分度圆直径	d_1, d_2	51.82mm,290.18mm
齿顶高	h_a	2mm
齿根高	h_f	2.5mm
全齿高	h	4.5mm
顶隙	c	0.5mm
齿顶圆直径	d_{a1}, d_{a2}	55.82mm,294.18mm
齿根圆直径	d_{f1}, d_{f2}	46.82mm,285.18mm
中心距	a	171mm
传动比	i	5.6
齿数	z_1, z_2	25,140
齿宽	b_1, b_2	60mm,55mm
螺旋方向		小齿轮右旋,大齿轮左旋
大齿轮轮毂宽	B_2	60mm

高速级大齿轮的结构如图 12-20 所示。

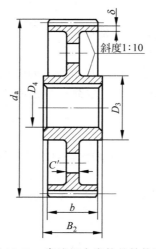

图 12-20　高速级大齿轮的结构图

2. 低速级齿轮设计

低速级大、小齿轮都选用硬齿面。选大、小齿轮的材料均为 45 钢,并经调质后表面淬火,齿面硬度为 45HRC。选 7 级精度。这里略去具体设计过程,具体参数如表 12-16 所示。

表 12-16 低速级齿轮几何尺寸

名　　称	代　　号	计算公式与结果
法向模数	m_n	4mm
端面模数	m_t	$m_t = \dfrac{m_n}{\cos\beta} = 4.14\text{mm}$
螺旋角	β	14.94°
法向压力角	α_n	20°
端面压力角	α_t	$\alpha_t = \arctan(\tan\alpha_n/\cos\beta) = 20.67°$
分度圆直径	d_1, d_2	91.08mm, 322.92mm
齿顶高	h_a	4mm
齿根高	h_f	5mm
全齿高	h	9mm
顶隙	c	1mm
齿顶圆直径	d_{a1}, d_{a2}	99.08mm, 330.92mm
齿根圆直径	d_{f1}, d_{f2}	81.08mm, 312.92mm
中心距	a	207mm
传动比	i	3.55
齿数	z_1, z_2	22, 78
齿宽	b_1, b_2	100mm, 95mm
螺旋方向		小齿轮左旋,大齿轮右旋
大齿轮轮毂宽	B_2	95mm

12.3.4 轴的结构设计

在设计二级齿轮减速器时,轴的长度直接决定了减速箱的尺寸。因为在高速轴和低速轴上分别只有一个齿轮,所以它们都有一段自由长度。而在中间轴上的两个齿轮宽度就直接决定了减速箱内部的宽度,所以应当首先设计中间轴。在中间轴确定之后,就可以通过确定减速箱内宽而确定高速轴和低速轴的长度,从而确定它们各自的自由段长。

1. 中间轴结构设计

1)选择轴材料

选用 45 钢,调质,硬度为 230HBS。

2)初步估算中间轴最小直径

根据《机械设计教程——理论、方法与标准》中取 $A = 110$,则 d 为

$$d \geqslant A\sqrt[3]{\frac{P}{n}} = 110 \times \sqrt[3]{\frac{9.23}{108.63}}\,\text{mm} = 48.36\text{mm}$$

因为中间轴两端弯矩和转矩均为零,也没有键槽,所以可选其最小直径 $d = 55\text{mm}$。

3)中间轴尺寸

考虑轴的结构及轴的刚度,取装滚动轴承处轴径 $d = 60\text{mm}$,根据轴的直径初选滚动轴承,选定圆锥滚子轴承,由轴径 $d = 60\text{mm}$ 选定滚动轴承 30212 正装布置。查《机械设计教程——理论、方法与标准》或机械设计手册表可得,滚动轴承宽度 $T' = 23.75\text{mm}$,$B' = 22\text{mm}$,$a' = 22.40\text{mm}$。

由齿轮设计可知,高速级大齿轮轮毂宽 $B_2=60\text{mm}$,低速级小齿轮宽 $B_3=100\text{mm}$,选两齿轮端面间距 $\Delta=10\text{mm}$,齿轮端面到箱内壁距离 $\Delta_1=12\text{mm}$,滚动轴承端面到箱内壁距离 $\Delta_2=10\text{mm}$,则箱内壁宽为

$$b_{内}=B_2+B_3+\Delta+2\Delta_1=(60+100+10+24)\text{mm}=194\text{mm}$$

中间轴总长为

$$L_{中}=b_{内}+2\Delta_2+2T'=(194+20+47.5)\text{mm}=261.5\text{mm}$$

具体结构和装配关系分别如图 12-21 和图 12-22 所示。

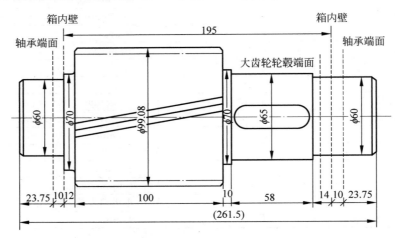

图 12-21 中间轴结构图

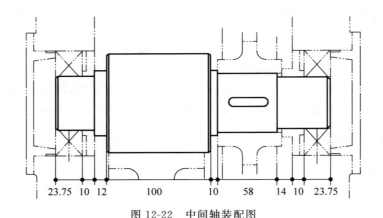

图 12-22 中间轴装配图

2. 高速轴结构设计

1)选择轴材料

选用 45 钢,调质,硬度为 230HBS。

2)初步估算中间轴最小直径

根据《机械设计教程——理论、方法与标准》取 $A=110$,则

$$d\geqslant A\sqrt[3]{\dfrac{P}{n}}=110\times\sqrt[3]{\dfrac{9.61}{608.33}}\text{mm}=27.61\text{mm}$$

3）中间轴尺寸

考虑到带轮需要键槽等结构要求，以及轴的刚度，取装带轮处轴径 $d=35\text{mm}$，密封处的直径 $d=40\text{mm}$。那么滚动轴承处轴径 $d=45\text{mm}$。根据轴的直径初选滚动轴承，选定圆锥滚子轴承，由轴颈 $d=45\text{mm}$ 选定滚动轴承 30209 正装布置。查《机械设计教程——理论、方法与标准》或机械设计手册表可得，滚动轴承 $T=20.75\text{mm}$，$B=19\text{mm}$，$a=18.60\text{mm}$。

按滚动轴承 30209 结构，安装尺寸 $d_a=52\text{mm}$。高速齿轮的分度圆直径 $d_1=55.8\text{mm}$，齿根圆直径 $d_{f1}=46.82\text{mm}$。因此，选带退刀槽结构的齿轮轴，退刀槽直径为 45mm。

选带轮侧端面距端盖螺钉的距离为 $l_3=20\text{mm}$；端盖螺钉为 M8，对应的螺钉头高度为 $k=5.3\text{mm}$；轴承端盖厚度 $t=10\text{mm}$；并由前面已知带轮宽度 $B_3=100\text{mm}$，可得高速轴伸出段长为

$$l_s=B_3+l_3+k+t=(100+20+5.3+10)\text{mm}=135.3\text{mm}$$

圆整为 136mm，即取 $l_3=20.7\text{mm}$。

取滚动轴承端面到箱内壁的距离 $\Delta_2=10\text{mm}$，则另一未伸出端在箱体凸缘内的长度为

$$l_4=T+\Delta_2=(20.75+10)\text{mm}=30.75\text{mm}$$

高速轴总长为

$$L_{高}=l_s+h_1+b_内+l_4=(136+60+194+30.75)\text{mm}=420.75\text{mm}$$

高速轴的结构和装配关系分别如图 12-23 和图 12-24 所示。

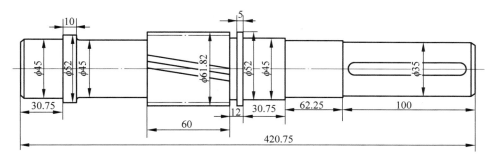

图 12-23　高速轴结构图

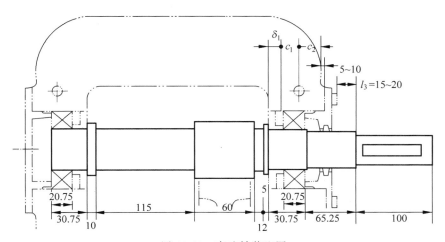

图 12-24　高速轴装配图

3. 低速轴结构设计（略）

三根轴在减速箱中的位置和装配情况如图 12-25 所示。

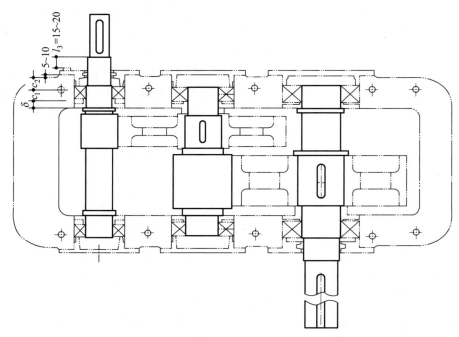

图 12-25 三根轴在减速箱中的装配草图

12.3.5 轴强度校核

这部分仅校核中间轴,高速轴和低速轴强度校核从略。

1. 按弯扭合成校核中间轴的强度

首先计算作用在轴上的力和力矩。

大齿轮受力如下所示。

圆周力：$F_{t2} = F_{t1} = 5822.46\text{N}$

径向力：$F_{r2} = F_{r1} = 2196.24\text{N}$

轴向力：$F_{a2} = F_{a1} = 1584.11\text{N}$

小齿轮受力如下所示。

圆周力：$F_{t3} = \dfrac{2T_1}{d_3} = \dfrac{2 \times 811440}{91.08}\text{N} = 17818.18\text{N}$

径向力：$F_{r3} = \dfrac{17818.2 \times \tan 20°}{\cos 14.94°}\text{N} = 6712.20\text{N}$

轴向力：$F_{a3} = F_{t3}\tan\beta\text{N} = 4754.39\text{N}$

然后校核中间轴的强度。

（1）水平平面支反力：

$$R_{AH} = 13220.42\text{N}, \quad R_{DH} = 10420.23\text{N}$$

（2）垂直平面支反力：

$$R_{AV} = -1839.74\text{N}, \quad R_{DV} = -2676.22\text{N}$$

（3）水平平面弯矩：

$$M_{BH} = 969717.71\text{N} \cdot \text{mm}, \quad M_{CH} = 555919.03\text{N} \cdot \text{mm}$$

（4）垂直平面弯矩：

$$M_{BV1} = -134944.63\text{N} \cdot \text{mm}, \quad M_{BV2} = -351459.37\text{N} \cdot \text{mm}$$

$$M_{CV1} = 87062.61\text{N} \cdot \text{mm}, \quad M_{CV2} = -142776.57\text{N} \cdot \text{mm}$$

（5）合成弯矩：

$$M_{B1} = 979062.05\text{N} \cdot \text{mm}, \quad M_{B2} = 1031443.71\text{N} \cdot \text{mm}$$

$$M_{C1} = 562695.18\text{N} \cdot \text{mm}, \quad M_{C2} = 573960.90\text{N} \cdot \text{mm}$$

（6）扭矩：

$$T = 811440\text{N} \cdot \text{mm}$$

（7）计算弯矩：

$$M_{caB1} = 979062.05\text{N} \cdot \text{mm}, \quad M_{caB2} = 114575.59\text{N} \cdot \text{mm}$$

$$M_{caC1} = 744084.96\text{N} \cdot \text{mm}, \quad M_{caC2} = 573960.90\text{N} \cdot \text{mm}$$

（8）绘制弯矩、扭矩图如图 12-26 所示。

（9）危险截面应力校核：轴材料为 45 钢，经调质处理，由《机械设计教程——理论、方法与标准》或设计手册中查得弯曲疲劳极限 $[\sigma_{-1}] = 60\text{MPa}$。由图 12-26 可得 B 剖面弯矩最大，$d_B = 81\text{mm}$；C 剖面直径偏小，$d_C = 65\text{mm}$，弯矩次大，则有

$$\sigma_{caB} = \frac{M_{caB}}{W} = \frac{1140757.59}{0.1 \times 81.08^3}\text{MPa} = 21.40\text{MPa} < [\sigma_{-1}]$$

又有

$$\sigma_{caC} = \frac{M_{caC}}{W} = \frac{744084.96}{0.1 \times 65^3}\text{MPa} = 27.09\text{MPa} < [\sigma_{-1}]$$

故安全。

从结果可以看出：最大应力出现在弯矩次大的直径较小处，而不是最大弯矩处。事实上，大齿轮轴段最左侧的截面（Ⅱ—Ⅱ截面）是最危险的截面。下面将给出对该截面进行精确校核的结果。

2．按精确法校核轴的疲劳强度

由图 12-26 中的弯矩图和转矩图可知，受载最大的剖面为 B 和 C。虽然剖面 B 上的计算弯矩最大，但该处的直径较大，且无显著的应力集中。从应力集中对轴的疲劳强度的影响来看，剖面 C、Ⅱ—Ⅱ处直径较小，且过盈配合引起的应力集中在Ⅱ—Ⅱ处最严重，且该处弯矩大于 C 处，因此只对剖面Ⅱ—Ⅱ的疲劳强度进行精确校核。

1）弯矩及弯曲应力

可以近似认为Ⅱ—Ⅱ截面处的弯矩等于两侧弯矩峰值的平均值，即

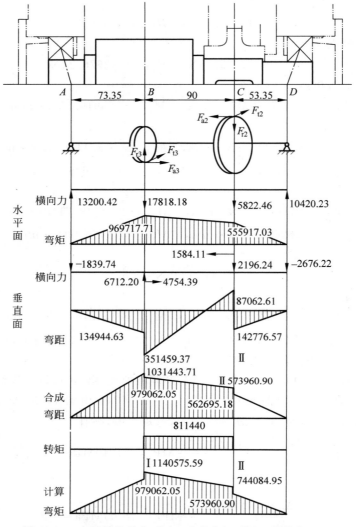

图 12-26 中间轴的受力、弯矩、合成弯矩、转矩、计算弯矩图

$$M = \frac{1140575.59 + 744084.96}{2}(\text{N} \cdot \text{mm}) = 942330.27(\text{N} \cdot \text{mm})$$

抗弯剖面模量为 0.1，可得

$$W \approx 0.1d^3 = 0.1 \times 65^3 \text{mm}^3 = 27462.50 \text{mm}^3$$

弯曲应力为

$$\sigma_b = \frac{M}{W} = 34.31 \text{MPa}$$

因为弯曲应力为对称循环，因此其应力幅为

$$\sigma_a = \sigma_b = 34.31 \text{MPa}$$

平均应力为

$$\sigma_m = 0 \text{MPa}$$

2）转矩及扭转应力

转矩为

$$T = T_{\mathrm{II}} = 811440 \mathrm{N} \cdot \mathrm{mm}$$

抗扭剖面模量为

$$W_T \approx 0.2d^3 = 0.2 \times 65^3 \mathrm{mm}^3 = 54925 \mathrm{mm}^3$$

扭转剪应力为

$$\tau_T = \frac{T}{W_T} = 14.77 \mathrm{MPa}$$

因为扭转应力为脉动循环，因此其应力的均值和幅值为

$$\tau_a = \tau_m = \frac{1}{2}\tau_T = 9.39 \mathrm{MPa}$$

3）各项系数

过盈配合处的有效应力集中系数由《机械设计教程——理论、方法与标准》中查得，可求得过盈配合 $\phi 55 \dfrac{\mathrm{H7}}{\mathrm{r6}}$ 处的 $\dfrac{k_\sigma}{\varepsilon_\sigma} = \dfrac{k_\tau}{\varepsilon_\tau} = 3.66$。查得尺寸系数 $\varepsilon_\sigma = 0.70$，$\varepsilon_\tau = 0.70$；表面质量系数，精车加工 $\beta_\sigma = \beta_\tau = 0.88$。轴未经表面强化处理，故强化系数 $\beta_q = 1$。弯曲疲劳极限的综合影响系数为

$$K_\sigma = \left(\frac{k_\sigma}{\varepsilon_\sigma} + \frac{1}{\beta_\sigma} - 1\right)\frac{1}{\beta_q} = 3.66 + \frac{1}{0.88} - 1 = 3.80$$

$$K_\tau = \left(\frac{k_\tau}{\varepsilon_\tau} + \frac{1}{\beta_\tau} - 1\right)\frac{1}{\beta_q} = 3.66 + \frac{1}{0.88} - 1 = 3.80$$

材料特性系数，对碳钢 $\psi_\sigma = 0.1 \sim 0.2$，取 $\psi_\sigma = 0.1$，$\psi_\tau = 0.5\psi_\sigma = 0.05$。

4）计算安全系数

按公式得

$$S_\sigma = \frac{\sigma_{-1}}{K_\sigma \sigma_a + \psi_\sigma \sigma_m} = \frac{300}{3.80 \times 34.31 + 0.1 \times 0} = 2.35$$

$$S_\tau = \frac{\tau_{-1}}{K_\tau \tau_a + \psi_\tau \tau_m} = \frac{155}{3.80 \times 7.39 + 0.05 \times 7.39} = 4.44$$

$$S_{\mathrm{ca}} = \frac{S_\sigma S_\tau}{\sqrt{S_\sigma^2 + S_\tau^2}} = \frac{2.35 \times 4.44}{\sqrt{2.35^2 + 4.44^2}} = 2.07 > S = 1.5$$

在安全范围内。

其他剖面计算方法与剖面 II—II 相类似，计算过程略，结果安全。通过精确校核计算表明，可见轴的疲劳强度是足够的。

12.3.6　滚动轴承的选择和计算

1）轴上径向、轴向载荷分析

由轴向力 $F_{a2} = F_{a1} = 1584.1\mathrm{N}$ 和 $F_{a3} = F_{t3}\tan\beta = 4754.4\mathrm{N}$ 得

$$F_a = F_{a3} - F_{a2} = 3170.3\mathrm{N}$$

由 $R_{AH} = 13241.54N, R_{AV} = -7356.88N$ 得
$$R_A = \sqrt{R_{AH}^2 + R_{AV}^2} = 15148.0N$$
由 $R_{BH} = 10399.16N, R_{BV} = 2840.92N$ 得
$$R_B = \sqrt{R_{BH}^2 + R_{BV}^2} = 10780.18N$$

中间轴上受力如图 12-27 所示。

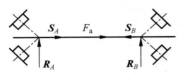

图 12-27　中间轴滚动轴承
受力分析

2）轴承选型与安装方式

选用代号为 30212 的圆锥滚子轴承,采用正安装方式。轴承参数如下:径 $d = 60mm$,外径 $D = 110mm$,$T = 23.75mm$,$B = 22mm$,$a = 22.4mm$,$e = 0.4$,$Y = 1.5$,$C_r = 97.8kN$,$C_{0r} = 74.5kN$。

3）轴承内部轴向力与轴承载荷计算

计算派生轴向力
$$S_A = \frac{R_A}{2Y} = 5049.33N, \quad S_B = \frac{R_B}{2Y} = 3593.39N$$

因为 $S_A + F_a > S_B$,所以可得
$$A_A = S_A = 5049.33N, \quad A_B = S_A - F_a = 8219.61N$$

4）轴承当量载荷计算

因为 $A_A/R_A = 0.33 < e = 0.4$,$A_B/R_B = 0.76 > e = 0.4$,$X_A = 1$,$Y_A = 0$;$X_B = 0.4$,$Y_B = 1.5$,则
$$P_A = X_A R_A + Y_A A_A = 5049.33N$$
$$P_B = X_B R_B + Y_B A_B = 16641.48N$$

5）轴承寿命校核

由于 $P_B > P_A$,按轴承 B 的载荷验算寿命
$$L_h = \frac{10^6}{60n} \left(\frac{C}{P_B}\right)^{\frac{10}{3}} = 56198.15h > 15000h$$

因此,初选的轴承 30212 满足使用寿命的要求。

高速轴和低速轴轴承的选择和计算过程同中间轴,其轴承型号如表 12-17 中所示。

表 12-17　滚动轴承参数

参　　数	滚动轴承型号	基本额定动载荷/N
高速轴滚动轴承	30209	64200
中间轴滚动轴承	30212	97500
低速轴滚动轴承	30218	188000

参 考 文 献

[1] 黄平,朱文坚.机械设计教程——理论、方法与标准[M].北京:清华大学出版社,2011.

[2] 朱文坚,黄平,吴昌林.机械设计[M].北京:高等教育出版社,2005.

[3] 朱文坚,黄平.机械设计课程设计[M].2版.广州:华南理工大学出版社,2004.

[4] 濮良贵,陈国定,吴立言.机械设计[M].10版.北京:高等教育出版社,2019.

[5] 熊文修,何悦胜,何永然,等.机械设计课程设计[M].广州:华南理工大学出版社,1996.

[6] 吴宗泽,高志.机械设计[M].北京:高等教育出版社,2001.

[7] 饶振纲.行星齿轮传动设计[M].北京:化学工业出版社,2014.

[8] 全国信息与文献标准化技术委员会.行星齿轮传动设计方法:GB/T 33923—2017[S].北京:中国标准出版社,2017.

[9] 李滨城,徐超.机械原理 MATLAB 辅助分析[M].北京:化学工业出版社,2010.

[10] 吴克坚,于晓红,钱瑞明.机械设计[M].北京:高等教育出版社,2003.

[11] 吴宗泽.高等机械零件[M].北京:清华大学出版社,1991.

[12] 杨可桢,程光蕴,李仲生,等.机械设计基础[M].7版.北京:高等教育出版社,2016.

[13] 闻邦椿.机械设计手册[M].6版.北京:机械工业出版社,2021.

[14] 黄平,刘建素,陈扬枝,等.常用机械零件及机构图册[M].北京:化学工业出版社,1999.

附　　录

附录1　常用设计标准和数据

附录2　常用材料

附录3　公差和表面粗糙度

附录4　螺纹与螺纹零件

附录5　键和销

附录6　紧固件

附录7　齿轮的精度

附录8　滚动轴承

附录9　润滑剂与密封件

附录10　联轴器

附录11　电动机

附录12　减速器附件结构

附录13　机械设计常用单词
中英文对照